中国古代经典无障碍读本

小窗幽记

【明】陈继儒 著
陈晓浒 注评

凤凰出版社

图书在版编目（C I P）数据

小窗幽记 / （明）陈继儒著 ; 陈晓浒注评. -- 南京：凤凰出版社，2016.4
（无障碍读本）
ISBN 978-7-5506-2355-2

Ⅰ. ①小… Ⅱ. ①陈… ②陈… Ⅲ. ①人生哲学—中国—明代②《小窗幽记》—注释 Ⅳ. ①B825

中国版本图书馆CIP数据核字(2016)第046412号

书　　名	小窗幽记
著　　者	(明)陈继儒 著　陈晓浒 注评
责任编辑	张　燕
出版发行	凤凰出版传媒股份有限公司 凤凰出版社(原江苏古籍出版社) 发行部电话025-83223462
出版社地址	南京市中央路165号,邮编:210009
出版社网址	http://www.fhcbs.com
经　　销	凤凰出版传媒股份有限公司
照　　排	南京凯建图文制作有限公司
印　　刷	江苏凤凰通达印刷有限公司 南京市六合区冶山镇,邮编:211523
开　　本	880×1230毫米　1/32
印　　张	4.875
字　　数	127千字
版　　次	2016年4月第1版　2016年4月第1次印刷
标准书号	ISBN 978-7-5506-2355-2
定　　价	15.00元

(本书凡印装错误可向承印厂调换,电话:025-57572508)

目　录

前　言

《小窗幽记》是一部集晚明清言小品之大成的作品。全书分为醒、情、峭、灵、素、景、韵、奇、绮、豪、法、倩十二卷，阐发人情事理，内容发人深省、形式精巧整饬、语言含蓄优美，与明朝洪应明的《菜根谭》和清朝王永彬的《围炉夜话》一起并称为“处世三大奇书”，在中国文学史上具有很大影响。

《小窗幽记》辑录了一千五百多条先秦至明末著作中的警句名言，内容主要阐明涵养心性及处世之道，表现了隐逸文人淡泊名利、居处山林的陶然超脱之情，文字清雅，格调超拔，论事析理，独中肯綮。对当前商品经济大潮冲击下的人们来说，此书中的为人处世之道，有着极大的现实意义。

对《小窗幽记》的作者，历来有两种不同的说法。第一种说法是晚明著名文人陈继儒。陈继儒(1558—1639)，明代文学家、书画家，字仲醇，号眉公、麋公，华亭(今上海金山枫泾泖桥村)人。陈继儒幼颖异，长为诸生(明清两代称已入学的生员)，与同郡董其昌齐名，三吴名士争相与其结为师友。陈继儒二十九岁时，焚儒衣冠，绝意科举仕进，隐居小昆山，后居东佘山，杜门著述，工诗文、书画，屡奉诏征用，皆以疾辞。陈继儒交游广泛，在朝中和民间都有盛名，是当时影响最大的文人之一。同时，陈继儒也是当时著名的图书编纂者，他编辑出版了很多当时的畅销书。《小窗幽记》这本书，就是以陈继儒的名义流传于世的，到目前为止，出版的绝大部分版本作者署名也是陈继儒。

另一种说法是这本书的作者是明代陆绍珩（约 1624 年前后在世），此人生平不详。明天启年间曾流寓北京，编撰有《醉古堂剑扫》。而《小窗幽记》则是乾隆三十五年前后被书商假托陈继儒之名，翻印出版的《醉古堂剑扫》，这种说法的影响较小，但因为国内和日本所藏《醉古堂剑扫》早期刻本的存在，故具有一定的可信性。

为了便于广大读者阅读和理解《小窗幽记》，我编写了这本《〈小窗幽记〉无障碍读本》，与其他译评版本相比，这本书有以下两个特点：

一是面向中等文化的读者，力求注释简单明确，通俗易懂。《小窗幽记》的目标读者是明清时代的读书人，条目涵盖儒释道、诸子百家、楚辞汉赋、六朝骈文、唐诗宋词、元曲小说……来源广泛，无所不包，而且书中运用了大量的典故，对现在的读者来说阅读难度很大。我在译注的过程中，不仅根据现代人的阅读习惯，注释了文中的关键词语，更将文中的用典之处一一注明来源和含义，具体来说，对条目中引用的名句，注明作者和篇名，并列出原句；对条目中涉及的典故，注明故事的来源，并尽力用白话文叙述故事，帮助读者理解。

二是尽力保持《小窗幽记》的原貌。现在已出版的大部分《小窗幽记》的译评版本，都经过了编者的删改，条目不全，有的甚至将几卷合并，不能呈现原书的本来面目。同时，因为种种原因，现在流传的许多版本都有不同程度的脱讹，这就更加影响了读者的阅读和理解。我在编写的过程中，综合比较各版本，在卷数和条目上保持了原书的完整，并且查阅了大量资料，参考书中条目的原始出处，对流传版本中字句、标点、人名、地名、物名上的错讹之处尽力辨正，力争呈现原书面貌。

在本书的译评过程中，我参阅了大量前人有关的著述和研究成果，对我帮助最大的是徐贲文先生的《〈小窗幽记〉译注》和陈桥生先生评注的《小窗幽记(插图本)》,在此衷心地表示感谢!

由于本人的学识和水平有限,书中错漏之处在所难免,在此恳请广大读者予以谅解,并提出批评和指正。

陈晓浒

2016年1月

卷一　集醒

【导读】

此为《小窗幽记》全书第一卷。作者将“醒”字置于开篇，可见对其重视；而在此卷中辑录清言凡二百二十篇，为全书各卷之最，体现出作者对“醒”之深思。

自古士人难脱名利场，名诱人、利醉人，在这两个字面前，多少孔孟之士只拜孔方，无数英雄豪杰但望名扬。后来者扼腕痛心之余，也要放下对名利之心的追求，坚持自身道德修养，保持内心的平和安宁，才能时刻洞察世事，不在人海中浑浑噩噩，一醉不醒。

关于“醒”与“醉”的区别，与作者大致同时代的文人，《三言》的序、评者可一居士在《醒世恒言序》中有精彩的论述：“惕孺（提醒孩子注意危险）为醒，下石（落井下石）为醉；却（拒绝）呼（呼喝）为醒，食嗟（嗟来之食）为醉；剖玉（剖石取玉）为醒，题石为醉。又推之，忠孝为醒，而悖逆为醉；节俭为醒，而淫荡为醉；耳和目章（明亮）、口顺心贞（坚定，有节操）为醒，而即聋从昧（看不清楚）、与顽用嚚（轻浮；轻薄）为醉。……自昔浊乱之世，谓之天醉。天不自醉人醉之，则天不自醒人醒之。以醒天之权（暂且）与人，而以醒人之权与言。”当时文人对“醒”与“醉”问题的认识由此可见一斑。

细细读来，作者在此卷中，所说之“醒”，其实包括了两个方面的问题，一是要明确人生应追求什么。与世俗观念不同的是，作者并不把名利、地位作为人生追求的目标，而是强调为人要顺应时势：“宁为随世之庸愚，勿为欺世之豪杰”；更要行善积德：“出一个丧元气进士，不若出一个积阴德平民”，为读书人在乱世中立身于世定下了标杆。

二是如何才能保持清醒。这是此卷的主要内容，大部分条目都是围绕这个问题来谈的。在作者看来，士人要融入自然，天人合一：花鸟虫鱼、风月山林，寄情于此，皆能忘忧开怀，放下争胜之心；得敬天爱人，笃学敏行：琴棋书画、经史逸闻，用以怡情，均致心神爽达，不以外物为念；须谨守初心，看透名利：金山银海、高爵显位，不入我怀，方得醒观世事，修成君子之德。

食中山之酒，一醉千日（传说中山人狄希酿造的酒能让人一醉千日）。今世之昏昏逐逐（沉迷于追逐功名利禄的人），无一日不醉，无一人不醉，趋（追求）名者醉（迷醉）于朝（朝廷官位），趋利者醉于野（民间的财富），豪者（豪富之人）醉于声色车马，而天下竟为昏迷不醒之天下矣，安得一服清凉散（清凉解酒的药粉），人人解酲（缓解醉酒的症状。酲：chéng，喝醉了神志不清）。集醒第一（本书每卷前有一段序语，皆以人生某个问题统领全卷。特以“醒”字为全卷之首，带有总纲性质）。

1·001 倚（依仗）才高而玩世，背后须防射影之虫（即“蜮”，传说住在水中的虫子，听到人声就在水中吐气或含沙射人，被射中的人皮肤上会长疮，人被它射中影子也会生病）。饰（伪装成）厚貌（外表忠厚的样子）以欺人，面前恐有照胆之镜（传说中能照人五脏六腑，让人无法隐藏自己内心想法的神镜）。

1·002 怪（对……觉得奇怪）小人之颠倒豪杰（指颠倒黑白，对英雄豪杰加以中伤陷害），不知惯（惯于）颠倒方为小人。惜吾辈之受世折磨，不知惟折磨乃见吾辈（只有经受过世事折磨才能体现出我们这些人的品格）。

1·003 花繁柳密处（指身处人生成功顺利之境），拨得开（透过现象看到本质，作出正确的选择)，才是手段。风狂雨急时(指身处人生逆境危机之时)，立得定(能稳守身心不动摇)，方见脚根(才能体现出坚韧不拔)。

1·004 澹泊之守(操守)，须从秾艳场中试来(要在富贵奢华的场合才能检验出来)。镇定之操(节操)，还向纷纭境上勘过(验证)。

1·005 市恩(给予他人恩惠，希望得到回报)不如报德之为厚(仁厚)，要誉(谋求名声)不如逃名(避免出名)之为适(合适)，矫情不如直节(坦率直接)之为真。

1·006 使人(想要别人)有面前之誉(当面赞誉自己)，不若使人无背后之毁(不在背后毁谤自己)。使人有乍交之欢(刚交往就喜欢自己)，不若使人无久处之厌(长时间相处而不使对方产生厌恶之情)。

1·007 攻人之恶(批评别人的错误)毋太严，要思其堪受(想到他能够接受)。教人以善莫过高，当原(考虑)其可从(他能够做到)。

1·008 不近人情，举世皆畏途。不察物情(不了解万物的规律)，一生俱梦境。

1·009 遇嘿嘿(同“默默”，闭口不说话)不语之士，切莫输心(付出真心)。见悻悻(怨恨失落)自好(自以为是、固执傲慢)之徒，应须防口(出言谨慎)。

1·010 结缨整冠之态，勿以施之(做这件事)焦头烂额之时。绳趋尺步(指举动符合规矩，毫不随便)之规，勿以用之救死扶伤之日。

1·011 议事者身在事外，宜悉(全部了解)利害之情。任事(做事)者身居事中，当忘利害之虑(考虑)。

1·012 俭，美德也，过则为悭吝，为鄙啬，反伤雅道(正道；忠厚之道)。让，懿行也，过则为足恭(过度谦敬，以取媚于人)，为曲谨(谨小慎微)，多出机心(机巧功利之心)。

1·013 藏巧(内心的机巧)于拙(迟钝的外表)，用晦(行事隐晦)而明(内心明了)，寓清(内心的清高)于浊(浑浊的世事)，以屈为伸。

1·014 彼(他)无望德(不期待别人的恩惠)，此(我)无示恩(不向别人表示恩惠)，穷交所以能长。望不胜奢(无尽无休地期待别人的恩惠。胜：

尽。奢：本指奢侈，引申为过分，过度），欲不胜餍（欲望不能都得到满足。餍：yàn，满足），利交所以必忤。

1·015 怨因德彰（怨恨由于感激更加明显），故使人德（感激）我，不若德怨之两忘。仇因恩立（仇恨会因为恩情产生），故使人知恩，不若恩仇之俱泯。

1·016 天薄我福（命运使我的福分淡薄），吾厚（增加）吾德以迓（yà，迎接、面对）之。天劳我形（命运使我的身体劳苦。形：身体），吾逸（放松）吾心以补之。天阨我遇（命运使我的际遇困窘。阨：è，困厄、困窘），吾亨（扩充）吾道以通（使之畅通）之。

1·017 澹泊之士，必为秾艳者（指醉心名利、生活奢侈的人。秾：nóng）所疑。检饬（言行谨慎，自我约束。检：约束。饬：chì，谨慎）之人，必为放肆者所忌（忌惮）。

1·018 事穷势蹙（走投无路，艰难困苦。蹙：cù，紧迫）之人，当原（探究）其初心。功成行满（事业成功，志得意满）之士，要观其末路。

1·019 好丑心（辨别美丑的心）太明，则物不契（内心与外物无法契合）。贤愚心（辨别贤愚的心）太明，则人不亲。须是内精明（内心明白人事的善处与缺失），而外浑厚（对人对事却要仁厚相待），使好丑两得其平（美丑两方都能得到平衡），贤愚共受其益（贤愚都能受到益处），才是生成的德量（出自天性、自然的德行和气量）。

1·020 好辩以招尤（怨恨），不若讱默（少说话或不开口。讱：rèn）以怡性。广交以延誉（赢得赞誉），不若索居（独自居处）以自全。厚费（耗费很多）以多营（营求），不若省事以守俭。逞能以受妒，不若韬精（掩藏才华）以示拙。费千金而结纳贤豪，孰若（怎么比得上）倾（倒出）半瓢之粟以济（接济）饥饿。构（建造）千楹（指宏大华丽的房子。楹：柱子）而招徕宾客，孰若葺（修建）数椽之茅（小小的茅屋。椽：装于屋顶以支持房屋顶盖材料的木杆）以庇孤寒。

1·021 恩（恩情）不论多寡，当厄的壶浆（当别人困厄之时给他的一壶米汤），得死力之酬（晋人灵辄处于困厄之境，被大夫赵盾所救，并赐给他食物，后灵辄搭救了赵盾）。怨不在浅深，伤心的杯羹（使人伤心的一杯肉羹），召亡国之祸（郑灵公因鼋羹而招致杀身之祸）。

1·022 仕途虽赫奕（光辉炫耀），常思林下（指退隐或退隐之处）的风味，则权势之念（心）自轻。世途虽纷华（繁华），常思泉下的光景，则利欲之心自淡。

1·023 居盈满者（处于志得意满之时的人），如水之将溢未溢，切忌再加一滴。处危急者，如木之将折未折，切忌再加一搦（nuò，握、捏）。

1·024 了心自了事（能在心中将事情作了结才是真正将事情了结），犹根拔而草不生。逃世不逃名（逃离了尘世却还有求名之心），似膻（腥膻味）存而蚋（ruì，小飞虫）还集。

1·025 情最难久，故多情人必至寡情。性（天性、自然规律）自有常（常理，常法），故任性人（放纵性情而为的人）终不失性（本性）。

1·026 才子安心草舍（指安于贫困）者，足登玉堂。佳人适意蓬门（借指贫苦人家）者，堪（可以）贮金屋（金屋贮娇）。

1·027 喜传语者，不可与语（说事情）。好议事者，不可图事（和他商量、谋划事情）。

1·028 甘人（讨好别人。甘：甜。此指说好话）之语，多不论其是非。激人（激怒别人）之语，多不顾其利害。

1·029 真廉无廉名，立名（廉洁的名声）者，正所以为贪（靠这样的名声来满足贪欲）。大巧无巧术（最大的巧妙是不使用任何机巧），用术（巧术）者，乃所以为拙（因为这个而显得笨拙）。

1·030 为恶而畏人知，恶（坏心）中犹有善念。为善而急人知，善处即是恶根（行善之处就是作恶的根源）。

1·031 谈山林之乐者，未必真得山林之趣。厌名利之谈（说法）者，未必尽忘名利之情。

1·032 从冷（冷清寂寞之处）视热（繁华热闹的名利场），然后知热处之奔驰（奔走竞争）无益。从冗（繁忙的生活）入闲（闲适的生活），然后觉闲中之滋味最长。

1·033 贫士肯济人，才是性天（天性）中惠泽（恩泽）。闹场（喧闹的地方）能笃学（认真投入地学习），方为心地（佛教语，即思想、意志等）上工夫。

1·034 伏久者（长久伏于林中的鸟），飞必高。开先者（抢先开放的花朵），谢独早。

1·035 贪得者，身富而心贫。知足者，身贫而心富。居高者，形逸而神劳。处下者，形劳而神逸。

1·036 局量（格局、气量）宽大，即住三家村（指人烟稀少、偏僻的小村落）里，光景（生活的情况）不拘。智识卑微，纵居五都市（一般指汉朝的洛阳、邯郸、临淄、宛、成都五城，泛指繁华的都市）中，神情亦促。

1·037 惜寸阴者，乃有凌铄（欺压、干犯。此指驾驭）千古之志。怜微才（很小的才能）者，乃有驰驱豪杰之心。

1·038 天欲祸人，必先以微福骄之（用小的福分让他骄傲），要看他会受。天欲福人，必先以微祸儆（jǐng，让人自己觉悟而不犯错）之，要看他会救。

1·039 书画受俗子（俗人）品题（品评题词），三生（佛教语，即前生、今生、来生）浩劫。鼎彝（亦作“鼎彜”。古代祭器上面多刻有表彰有功人物的文字。此泛指珍贵的文物）与市人（商人）赏鉴，千古异冤。

1·040 脱颖之才，处囊而后见（指毛遂自荐的典故）。绝尘之足（指奔驰时足不沾尘的千里马），历块（纵横驰骋，施展才能）以方知。

1·041 结（了结）想奢华，则所见转多冷淡。实心清素（清高闲雅），则所涉（接触的）都厌尘氛（尘世）。

1·042 多情者，不可与定妍媸。多谊者（交情很深的人），不可与定取与。多气者（好发脾气的人），不可与定雌雄。多兴者（兴趣广泛或者兴致很高的人），不可与定去住（去留）。

1·043 世人破绽处，多从周旋（交际应酬）处见。指摘（指责）处，多从爱护处见。艰难处，多从贪恋处见。

1·044 凡情留不尽（情感表达不尽）之意，则味深。凡兴留不尽（兴致发挥不尽)之意,则趣多。

1·045 待富贵人,不难有礼,而难有体。待贫贱人,不难有恩,而难有礼。

1·046 山栖(在山中隐居)是胜事,稍一萦恋(牵挂留恋),则亦市朝(市场和朝廷,指追逐名利之所)。书画赏鉴是雅事,稍一贪痴(贪心痴迷),则亦商贾。诗酒是乐事,稍一徇人(顺从别人),则亦地狱。好客是豁达事,稍一为俗子所挠(被见识浅陋或鄙俗的人所扰乱),则亦苦海。

1·047 多读两句书,少说一句话,读得两行书,说得几句话。

1·048 看中人(常人),在大处不走作(不走样儿,不偏离规范)。看豪杰,在小处不渗漏(喻出现破绽、漏洞)。

1·049 留七分正经,以度生。留三分痴呆,以防死。

1·050 轻财足以聚人,律己足以服人,量宽(气量宽宏)足以得人,身先足以率人(率领别人)。

1·051 从极迷处识迷(从最令人迷惑的地方识破迷惑),则到处醒。将难放怀(难以放下心头的事)一放,则万境宽(所有境界都变得宽阔无比)。

1·052 大事难事,看担当。逆境顺境,看襟度。临喜临怒,看涵养。群行群止(在与众人相处中表现出来的言行举止),看识见(对事物的见解和认识)。

1·053 安详(安详稳重)是处事第一法。谦退(谦虚退让)是保身第一法。涵容(涵养宽容)是处人第一法。洒脱是养心第一法。

1·054 处事最当熟思缓处(慢慢处理)。熟思则得其情(了解其内在情况),缓处则得其当(找到适当的解决方法)。

1·055 必能忍人不能忍之触忤,斯(这样)能为(做成)人不能为之事功(事业和功绩)。

1·056 轻与必滥取(轻易地给予,必然会导致过度地索取),易信必易疑。

1·057 积丘山之善(累积了像山丘一样多的好事),尚未为君子。贪丝毫之利，便陷于小人。

1·058 智者不与命斗，不与法斗，不与理斗，不与势斗。

1·059 良心在夜气清明之候，真情在箪食豆羹（一箪饭食，一豆羹汤，指俭朴的生活。箪、豆：古代用来盛食物的器皿）之间。故以我索人（用自己的标准去要求别人），不如使人自反（自我反省）。以我攻人（自己去攻击别人），不如使人自露。

1·060“侠”之一字，昔以之加意气（过去和意气联系在一起），今以之加挥霍（现在和挥霍联系在一起），只在气魄气骨（骨气）之分。

1·061 不耕而食，不织而衣，摇唇鼓舌（卖弄口才），妄生是非，故知无事之人好为生事。

1·062 才人经（治理）世，能人取（拥有）世，晓人逢世（通达事理的人顺应社会），名人垂世，高人出世，达人玩世（通达之人游戏世间）。

1·063 宁为随世之庸愚（随俗的庸下愚昧之人），勿为欺世之豪杰。

1·064 沾泥带水之累（拖累），病根在一“恋”字。随方逐圆（谓立身行事无定则。此指随时而变，随机应变）之妙，便宜（见机行事）在一“耐”字。

1·065 天下无不好谀之人，故谄之术不穷。世间尽是善毁之辈，故谗之路难塞（阻塞）。

1·066 进（进献）善言，受善言，如两来船，则相接耳。

1·067 清福上帝所吝（清闲之福是上天不轻易给予的），而习忙可以销福（习惯于忙忙碌碌就会削弱这种福分。销：同“消”）。清名上帝所忌（清美的声誉是要被上天嫉妒的），而得谤（遭到毁谤）可以销名。

1·068 造谤者甚忙，受谤者甚闲。

1·069 蒲柳之姿（蒲柳的丰姿），望秋而零（秋天还没到就落叶，比喻未老先衰）。松柏之质，经霜弥茂（更加繁茂）。

1·070 人之嗜名节，嗜文章，嗜游侠（此指侠义行为），如好酒然（和爱喝酒一样），易动客气（此指一时的意气），当以德性消之（用道德修养消除它）。

1·071 好谈闺阃（此指闺阁之事或别人的隐私。阃：kǔn），及好讥讽者，必为鬼神所怒，非有奇祸，则必有奇穷（困难、窘迫）。

1·072 神人之言微（精妙），圣人之言简（简约），贤人之言明（明了），众人之言多（话多），小人之言妄（虚妄）。

1·073 士君子不能陶镕（比喻浸润，影响）人，毕竟学问中工力（功力、水平）未到。

1·074 有一言而伤天地之和，一事而折终身之福者，切须检点（言行谨慎）。能受善言，如市人求利，寸积铢累（一点一滴地积累。寸、铢：小的计量单位），自成富翁。

1·075 金帛多，只是博得垂死时子孙眼泪少，不知其他，知有争而已。金帛少，只是博得垂死时子孙眼泪多，亦不知其他，知有哀而已。

1·076 景（日光）不和（和谐），无以破昏蒙（昏暗、阴暗）之气。地不和，无以壮光华之色（光彩辉耀之色）。

1·077 一念之善，吉神随之。一念之恶，厉鬼随之。知此可以役使（差遣）鬼神。

1·078 出一个丧元气进士，不若出一个积阴德平民。

1·079 眉睫才交（双眼刚闭上，指刚睡着），梦里便不能张主（控制自己的想法和行为）。眼光落地（指人死去），泉下又安得分明（分辨清楚）。

1·080 佛只是个了（彻悟、了悟），仙也是个了，圣人了了（明白、清楚）不知了（自己还没有彻悟）。不知了了是了了（知道得不太明白就是明白），若知了了便不了（若知道得太明白就是不明白）。

1·081 万事不如杯在手，一年几见月当头。

1·082 忧疑杯底弓蛇（比喻因疑虑恐惧而自相惊扰），双眉且展（暂且展开眉头。此指暂且放宽心）。得失梦中蕉鹿（得失无常犹如梦中用蕉叶覆盖的鹿一样，喻人世真假杂陈，得失无常），两脚空忙。

1·083 名茶美酒，自有真味。好事者投香物（香料）佐之，反以为佳，此与高人韵士误堕尘网（俗世）中何异。

1·084 花棚石磴（即石凳），小坐微醺。歌欲独（唱歌要一个人），尤欲细（歌声尤其要细腻）；茗欲频（茶水要频频地饮），尤欲苦（尤其要浓，要苦)。

1·085 善默(擅长沉默)即是能语(能言善辩),用晦(不露锋芒)即是处明(显露本领),混俗(混同世俗)即是藏身,安心即是适境(适应环境)。

1·086 虽无泉石膏肓,烟霞痼疾(指酷爱山水成癖,如病入膏肓。痼:gù,积久难治的病),要识山中宰相(指隐者高人),天际真人(天边的成仙之人)。

1·087 气收(收敛)自觉怒平,神敛(敛聚精神)自觉言简,容人自觉味和(氛围和睦),守静自觉天宁。

1·088 处事不可不斩截(果断干脆),存心不可不宽舒,待己不可不严明,与人不可不和气。

1·089 居不必无恶邻,会(聚会)不必无损友,惟在自持者两得之(对自己和朋友都是有益的)。

1·090 要知自家是君子小人,只于五更(凌晨三点到五点)头检点,思想(思考)的是什么便见得。

1·091 以理听言(以理智来判断所听到的话),则中有主(那么心中就自有主张)。以道窒欲(以道德修养来杜绝私欲),则心自清(心中就自然清净)。

1·092 先淡后浓,先疏后亲,先远后近,交友道(道理和规律)也。

1·093 苦恼世上,意气须温(谓不可心灰意冷)。嗜欲场中(充满嗜好和欲望的场所),肝肠欲冷(内心要保持冷淡)。

1·094 形骸非亲(人的躯体都不值得亲爱),何况形骸外之长物(原指多余的东西,后来也指重要的东西)。大地亦幻,何况大地内之微尘。

1·095 人当溷扰(烦扰、混乱搅扰。溷:hùn,乱,混乱),则心中之境界何堪。人遇清宁(清明宁静),则眼前之气象自别。

1·096 寂(内心寂静)而常惺(保持清醒),寂寂之境不扰(不扰乱寂静的心境)。惺而常寂(保持内心寂静),惺惺之念不驰(使得心念不至于奔驰而收束不住)。

1·097 童子智(知识、见识)少,愈少而愈完(心智完整)。成人智多,愈多而愈散（心智散乱）。

1·098 无事便思有闲杂念头否，有事便思有粗浮意气（心浮气躁）否。得意便思有骄矜辞色（骄傲的言辞和表情）否，失意便思有怨望（怨恨；心怀不满）情怀否。时时检点得到，从多入少，从有入无，才是学问的真消息（真谛、关键）。

1·099 笔之用（使用）以月计，墨之用以岁计，砚之用以世（世纪、百年）计。笔最锐（锐利），墨次之，砚钝者也。岂非钝者寿（长寿），而锐者夭（短命）耶？笔最动，墨次之，砚静者也。岂非静者寿而动者夭乎？于是得养生焉。以钝为体，以静为用（体是根本，用是表象），唯其然是以（所以）能永年（长寿）。

1·100 贫贱之人，一无所有，及临命终时，脱一厌字（到死才能摆脱对贫贱生活的厌倦）。富贵之人，无所不有，及临命终时，带一恋字（因对名利的迷恋死而不舍）。脱一厌字，如释重负。带一恋字，如担枷锁。

1·101 透得（看得透）名利关，方是小休歇。透得生死关，方是大休歇。

1·102 人欲求道，须于功名上闹一闹（闯荡、争取一下）方心死，此是真实语。

1·103 病至，然后知无病之快。事来，然后知无事之乐。故御病（治好病）不如却（避免）病，完事不如省事。

1·104 讳（忌讳）贫者，死于贫，胜心（好胜心）使之也。讳病者，死于病，畏心（畏惧之心）蔽之也。讳愚者，死于愚，痴心覆（遮蔽）之也。

1·105 古之人，如陈（陈列）玉石于市肆（市井店铺），瑕瑜（玉的瑕疵和光彩，指人的过失与美德）不掩。今之人，如货（买）古玩于时（现今的）贾（商人），真伪难知。

1·106 士大夫损德处，多由立名心太急。

1·107 多躁者，必无沉潜之识（深刻的见解）。多畏者，必无卓越之见。多欲者，必无慷慨之节。多言者，必无笃实之心（扎实勤奋的作风）。多勇者，必无文学之雅（文学修养）。

1·108 剖去胸中荆棘（心中的芥蒂以及伎俩），以便人我往来，是天下第一快活世界。

1·109 古来大圣大贤，寸针相对。世上闲语，一笔勾销。

1·110 挥洒（挥毫洒墨）以怡情，与其应酬，何如兀坐（独自端坐）。书礼以达情（表达感情），与其工巧（取巧），何若直陈（直接陈说）。棋局以适情（顺适性情），与其竞胜，何若促膝（促膝交谈）。笑谈以怡情，与其谑浪（戏谑放浪），何若狂歌。

1·111“拙”之一字，免了无千（无数）罪过。“闲”之一字，讨了无万（无数）便宜。

1·112 斑竹（又称湘妃竹）半帘，惟我道心（佛教语，悟道之心）清似水。黄粱一梦，任他世事冷如冰。欲住世出世（生活在尘世却怀着出世之心），须知机息机（明白机巧却又熄灭机巧之心）。

1·113 书画为柔翰（毛笔。此指文雅的行为），故开卷张册（打开卷轴、书卷），贵于从容。文酒（谈诗论酒）为欢场，故对酒论文，忌于寂寞。

1·114 荣利（荣华利禄）造化（命运），特以戏人，一毫（稍微，一点）着意，便属桎梏（脚镣手铐，引申为束缚、压制）。

1·115 士人不当以世事分读书（读书分心），当以读书通世事（通过读书来明白世间之事）。

1·116 天下之事，利害常相半（各占一半）。有全利而无小害者，惟书（只有读书）。

1·117 意在笔先（指写字画画或文章创作时，先构思成熟，然后下笔），向（过去）庖羲（即伏羲，中国神话中人类的始祖）细参易画（细心参悟天地后做八卦之图）。慧生牙后（此指语言之外的理趣），恍（仿佛）颜氏（颜回，孔子的弟子）冷坐书斋（安贫乐道）。

1·118 明识（明知）红楼（此指青楼妓馆）为无冢（坟堆）之丘垄（坟墓），迷来（痴迷时）认作舍生岩。真知舞衣（舞者的衣裙。此指歌舞）为暗动之兵戈，快去暂同试剑石（把自己当做试剑石，用兵戈砍。此指尽情享受）。

1·119 调性（调节修养性情）之法，须当似养花天（指暮春牡丹花开时节，因天多微云轻雨，适宜养花，故有此称）。居才（积聚和储备才能。此指学习）之法，切莫如妒花雨（旧时称摧残盛开鲜花的骤雨）。

1·120 事忌脱空，人怕落套。

1·121 烟云堆（烟雾缭绕的山林。此指隐居的山林）里，浪荡子逐日称仙。歌舞丛中，淫欲身几时得度（超度）。

1·122 山穷鸟道（高山阻断了所有的鸟道），纵藏花谷（开满鲜花的山谷）少流莺（黄莺歌唱）。路曲羊肠（像羊肠一样弯弯曲曲的小道），虽覆柳荫难放马（纵马奔驰）。

1·123 能于热地思冷（比喻处于荣华富贵之中还能想到卑微贫贱之时），则一世不受凄凉。能于淡处求浓（在恬淡之处寻求浓厚之感），则终身不落枯槁（指陷入生活困难的境地）。

1·124 会心之语，当以不解解之（不用解释就能理解它）。无稽之言，是在不听听耳（充耳不听或姑妄听之）。

1·125 佳思（美好的神思）忽来，书能下酒。侠情一往，云可赠人（可以拿山中的云来赠送给朋友）。

1·126 蔼然可亲，乃自溢（流露）之冲和（恬淡平和），妆不出温柔软款。翘然难下（品格傲岸，不甘居于人下），乃生成之倨傲（天生的傲骨），假不得（装不出）逊顺从容。

1·127 风流得意，则才鬼（很有才气的鬼）独胜顽仙（冥顽不灵的仙人）。孽债为烦（受到造孽罪责的烦扰），则芳魂（美丽女子的魂魄）毒于虐祟（凶恶的鬼怪）。

1·128 极难处是书生落魄，最可怜是浪子白头。

1·129 世路如冥（指黑夜），青天障（遮蔽、屏障）蚩尤之雾（相传蚩尤与黄帝大战于涿鹿，蚩尤造雾使人辨不清东西南北）。人情如梦，白日蔽巫女之云（楚怀王与巫山神女相会之事）。

1·130 密交，定有夙缘，非以鸡犬盟（古时结盟举行的仪式）也。中断，知其缘尽，宁关萋斐（纺织品上花纹交错的样子，比喻花言巧语，罗织罪

名，诬陷别人）间（离间）之。

1·131 堤防不筑，尚难支移壑之虞（河流改道的忧患）。操存（操守）不严，岂能塞横流之性（堵住欲望横流的人性）。

1·132 发端无绪（开端没有条理），归结（终究）还自支离。入门一差，进步终成恍惚。

1·133 打诨（戏谑、开玩笑）随时（顺应世情）之妙法，休（不要）嫌终日昏昏（浑浑噩噩、不清醒）。精明当事（面对事情）之祸机（潜藏的祸根），却恨一生了了（聪明、通晓事理）。

1·134 藏不得是拙，露不得是丑。

1·135 形（外形）同隽石，致胜冷云（心态胜过冬天的寒云），决非凡士。语（说话）学娇莺，态摹（模仿，模拟）媚柳，定是弄臣。

1·136 开口辄生雌黄月旦之言（指议论是非、品评人物的语言），吾恐微言（精深微妙的言辞）将绝，捉笔（提笔）便惊（语出惊人）缤纷绮丽之饰（经过精心修饰的文章），当是妙处不传（流传）。

1·137 风波肆险（肆虐惊险），以虚舟（无人驾驭的空舟）震撼（应对风浪摇撼），浪静风恬（就能风平浪静）。矛盾相残，以柔指（纤柔的手指）解分，兵销戈倒（把兵器销毁，指化解纷争和矛盾）。

1·138 豪杰向简淡中求，神仙从忠孝上起（做起）。

1·139 人不得道，生死老病四字关，谁能透过（超越、超脱）？独（尤其）美人名将，老病之状，尤为可怜。

1·140 日月如惊丸（震动而奔驰的弹丸，比喻光阴流逝之快），可谓浮生（人生）矣，惟静卧是小延年（延长寿命）。人事如飞尘，可谓劳攘（纷扰，劳碌）矣，惟静坐是小自在（安闲自得，心情舒畅）。

1·141 平生不作皱眉事，天下应无切齿人。

1·142 暗室之一灯，苦海之三老（川江峡中称舵工为三老。此指拯救世人脱离苦海的方式）。截（截断）疑网（佛教语，罗网）之宝剑，抉（挑开，拨开）盲眼之金针。

1·143 攻取之情化（一旦化解），鱼鸟亦来相亲。悖戾（违逆、乖张）

之气销(消解),世途不见可畏。

1·144 吉人安祥,即(即使)梦寐神魂,无非和气。凶人狠戾,即声音笑语,浑(全部)是杀机。

1·145 天下无难处之事,只要两个如之何(动脑筋)。天下无难处之人,只要三个必自反(每天要从为人、交友、学问三个方面反躬自问)。

1·146 能脱俗便是奇,不合污便是清。处巧若拙,处明若晦,处动若静。

1·147 参玄(佛教语,参禅)借以见性(洞察人性),谈道借以修真(修行)。

1·148 世人皆醒时作浊事(糊涂事),安得睡时有清身(保持自身的清白)。若欲睡时得清身,须于醒时有清意(纯洁的意念)。

1·149 好读书非求身后之名(死后的名声),但(只是)异见异闻(为了获得独特的见闻和理解),心之所愿(希望,盼望)。是以(因此)孜孜搜讨(指认真地搜索知识、探讨问题),欲罢不能,岂为声名劳七尺(使七尺之躯劳累)也。

1·150 一间屋,六尺地,虽没庄严,却也精致。蒲作团(指蒲团),衣作被,日里可坐,夜间可睡。灯一盏,香一炷,石磬数声,木鱼几击。龛(kān,供奉佛像、神位等的小阁子)常关,门常闭,好人放来,恶人回避。发(头发)不除,荤不忌,道人心肠,儒者服制(服饰打扮)。不贪名,不图利,了清静缘,作解脱计。无挂碍,无拘系,闲便入来,忙便出去。省闲非,省闲气,也不游方(指僧人、道士为修行问道或化缘而云游四方),也不避世。在家出家,在世出世(身在尘世,心却能离开尘世),佛何人,佛何处?此即上乘,此即三昧(佛教用语,借指事物的要领、真谛)。日复日,岁复岁,毕(完结)我这生,任他后裔(管他后人如何)。

1·151 草色花香,游人赏其真趣。桃开梅谢,达士悟其无常。

1·152 招客留宾,为欢可喜,未断尘世之扳援(攀附、依附)。浇花种树,嗜好虽清(清雅),亦是道人之魔障(障碍、磨难)。

1·153 人常想病时,则尘心(尘世之心)便减。人常想死时,则道念

(修道的想法)自生。

1·154 入道场(指道观、寺院等修道信佛的场所)而随喜(佛教语,指见人做善事而乐意参加),则修行之念勃兴。登丘墓(坟墓)而徘徊,则名利之心顿尽(立刻消失)。

1·155 铄金玷玉(比喻激烈的诽谤、诋毁),从来不乏乎谗人。洗垢索瘢(洗去污秽后,仍然索寻疮痕,形容过分地挑剔。瘢:bān,疮痕),尤好求(特别喜欢寻找毛病的人)多于佳士。止作(只当作)秋风过耳(比喻与自己无关而毫不在意),何妨尺(一尺,形容很少)雾障天。

1·156 真放肆(豪放,洒脱)不在饮酒高歌,假矜持偏于大庭卖弄。看明世事透,自然不重功名。认得当下真,是以常寻乐地(怡然自得的天地)。

1·157 富贵功名,荣枯得丧(人世的盛衰穷达与得失),人间惊见白头。风花雪月,诗酒琴书,世外喜逢青眼(正眼相看露出眼青,称为青眼,表示喜爱或重视)。

1·158 欲不除,似蛾扑灯,焚身乃止。贪无了(了却),如猩嗜酒(古时传说猩猩好酒而易被抓,比喻无法抵御诱惑而遭受灾祸),鞭血(鞭打到流血)方休。

1·159 涉江湖者,然后知波涛之汹涌。登山岳者,然后知蹊径(小路)之崎岖。

1·160 人生待足(等待满足),何时足。未老得闲,始是闲。

1·161 谈空(超乎于现实之外的境界)反被空迷(迷惑),耽(沉溺)静多为(被)静缚。

1·162 旧无陶令酒巾(陶潜自己酿酒,每用头上的葛巾来滤酒),新撇(撇开)张颠书草(唐代著名的书法家张旭善狂草)。何妨与世昏昏,只问吾心了了(清楚明白)。

1·163 以书史为园林,以歌咏为鼓吹(泛指音乐),以理义(指儒家的经义)为膏粱(美食佳肴),以著述为文绣(华美的刺绣),以诵读为菑畲(zī yú,田地),以记问(记诵讨教)为居积(积蓄),以前言往行(古时贤圣之人的言行)为师友,以忠信笃敬为修持(修身自持之道),以作善降祥为因果,以乐天知命为西方(极乐世界)。

1·164 云烟影里(比喻如同烟云一样漂浮不定、模糊不清的尘世)见真身(真实的自我),始悟形骸为桎梏。禽鸟声中闻自性(个性、本性),方知情识(感情和欲望)是戈矛。

1·165 事理因(通过)人言而悟者,有悟还有迷,总不如自悟之了了。意兴(意趣、兴致)从外境而得者,有得还有失,总不如自得之休休(安闲快乐的样子)。

1·166 白日欺人,难逃清夜之愧赧(因羞愧而面红耳赤)。红颜(指年轻之时)失志,空遗皓首之悲伤。

1·167 定云止水(停顿的云,止息的水)中,有鸢(yuān,老鹰)飞鱼跃的景象。风狂雨骤处,有波恬浪静的风光。

1·168 平地坦途,车岂无蹶(júe,颠覆)。巨浪洪涛,舟亦可渡。料无事必有事,恐有事必无事。

1·169 富贵之家,常有穷亲戚来往,便是忠厚。

1·170 朝市山林俱有事,今人忙处古人闲。

1·171 人生有书可读,有暇得读,有资(资产)能读,又涵养之,如不识字人,是谓善读书者。享世间清福,未有过于此也。

1·172 世上人事无穷,越干越见不了。我辈光阴有限,越闲越见清高。

1·173 两刃相迎俱伤,两强相敌俱败。

1·174 我不害人,人不我害。人之害我,由我害人。

1·175 商贾不可与言义,彼(他)溺(沉湎)于利。农工不可与言学,彼偏于业。俗儒不可与言道,彼谬(错误)于词(言语)。

1·176 博览广识见,寡交少是非。

1·177 明霞(灿烂的云霞)可爱,瞬眼而辄空。流水堪听,过耳而不恋。人能以明霞视美色,则业障(妨碍修行的障碍)自轻。人能以流水听弦歌,则性灵何害。

1·178 休(莫,不要)怨我不如人,不如我者常众(很多)。休夸我能胜人,胜如我者更多。

1·179 人心好胜,我以胜应(应付,应对)必败。人情好谦,我以谦处反胜。

1·180 人言天不禁(禁止)人富贵,而禁人清闲,人自不闲耳。若能随遇而安,不图将来,不追既往(不再追究已经过去的事),不蔽目前(不被眼前的境况所蒙蔽),何不清闲之有。

1·181 暗室贞邪(忠贞与奸邪)谁见,忽而万口喧传(哄传,盛传)。自心善恶炯然(很清楚),凛于(畏惧)四王(佛教中执掌刑法戒律的四大天王)考校(审查拷问)。

1·182 寒山(唐代著名的诗僧)诗云:"有人来骂我,分明了了知,虽然不应对,却是得便宜。"此言宜深玩味。

1·183 恩爱,吾之仇也。富贵,身之累也。

1·184 冯谖之铗,弹老无鱼(讲孟尝君谋士冯谖。谖:xuān。铗:jiá,剑)。荆轲之筑(中国古代弦乐器),击来有泪。

1·185 以患难心居安乐,以贫贱心居富贵,则无往不泰(平安康泰)矣。以渊谷视康庄(康庄大道、坦途),以疾病视强健,则无往不安矣。

1·186 有誉(美誉、赞美)于前(当面),不若无毁(诋毁)于后(身后、背后)。有乐于身,不若无忧于心。

1·187 富时不俭贫时悔,潜时(隐而未显现之时。此指还没有受到任用的时候)不学用时悔,醉后狂言醒时悔,安不将息(安康的时候不好好休息调养)病时悔。

1·188 寒灰(已经冷却的灰烬)内,半星之活火(可以燃烧、没有熄灭的火,比喻生机和希望)。浊流(比喻污浊的世事)中,一线之清泉。

1·189 攻(指雕琢打磨)玉于石,石尽而玉出。淘金于沙,沙尽而金露。

1·190 乍交不可倾倒(此指把所有的话都说出来),倾倒则交不终。久与不可隐匿,隐匿则心必险。

1·191 丹(指丹砂，即朱砂，色深红)之所藏者赤，墨之所藏者黑。

1·192 懒可卧，不可风(受风，中医认为受风会招致百病)。静可坐，不可思。闷可对(指与人共处)，不可独。劳可酒，不可食。醉可睡，不可淫。

1·193 书生薄命原同妾，丞相怜才不论官(官位高低)。

1·194 少年灵慧，知抱夙根(有前生的灵根)。今生冥顽(愚昧顽固)，可卜来世。

1·195 拨开世上尘氛，胸中自无火炎冰兢(比喻强烈的渴望和恐惧不安。兢：jīng，小心，紧张)。消却心中鄙吝(心胸狭窄，卑鄙庸俗)，眼前时有月到风来(比喻培养出高雅的风致)。

1·196 尘缘割断，烦恼从何处安身。世虑潜消(世俗的思虑暗中消除)，清虚向此中立脚。

1·197 市(市井)争利，朝(朝廷)争名，盖棺日何物可殉(陪葬)篙里(墓地)。春赏花，秋赏月，荷锸时(指死的时候。荷：负荷，带着。锸：chā，铁锹)此身常醉蓬莱(神话传说中的仙山，泛指仙境)。

1·198 驷马难追，吾欲三缄其口。隙驹易过(语出成语“白驹过隙”，形容时光过得特别快)，人当寸惜乎阴(光阴)。

1·199 万分廉洁，止是小善。一点贪污，便为大恶。

1·200 炫奇之疾(喜欢卖弄新奇的毛病)，医以平易(用平易冲和之法来医治)。英发之疾(才智过于锋芒毕露的毛病)，医以深沉。阔大(指华而不实)之疾，医以充实。

1·201 才舒放即当收敛，才言语便思简默(简单而沉默)。

1·202 贫不足羞，可羞是贫而无志。贱不足恶，可恶是贱而无能。老不足叹，可叹是老而虚生(虚度一生)。死不足悲，可悲是死而无闻。

1·203 身(立身为人)要严重(严肃庄重)，意要闲定(从容安定)。色要温雅，气要和平。语要简徐(简单和缓)，心要光明。量要阔大，志要果毅。机(计策、计谋)要缜密，事要妥当。

1·204 富贵家宜学宽，聪明人宜学厚。

1·205 休委罪(推诿罪责)于气化(气数、造化),一切责(要求)之人事(人力所及之事)。休过望(把过分的希望)于世间(寄托于世间外物),一切求之我身。

1·206 世人白昼寐语(梦话),苟(倘若)能寐中作白昼语,可谓常惺惺(警觉、清醒)矣。

1·207 观世态之极幻(变幻无常),则浮云转(反而、反倒)有常情。咀(咀嚼)世味之皆空,则流水翻(反而、反倒)多浓旨(深厚的趣味)。

1·208 大凡聪明之人,极是误事。何以故,惟聪明生(萌生,产生)意见(意气之见),意见一生,便不忍舍割。往往溺于爱河欲海(佛教语,比喻贪欲、情欲如深广之海)者,皆极聪明之人。

1·209 是非不到钓鱼处(指与世无争的隐逸之处),荣辱常随骑马人(指尘世中追名逐利的达官贵人)。

1·210 名心(追求功名之心)未化,对妻孥(指妻子儿女)亦自矜庄(严肃庄敬)。隐衷(隐藏的想法和疑虑)释然,即梦寐皆成清楚。

1·211 观苏季子以贫穷得志(讲苏秦发迹事),则负郭二顷田,误人实多(苏秦曾经感叹如果自己有临近城郭的两顷田地就不可能有决心奋斗而成功)。观苏季子以功名杀身(苏秦后来因为与人争夺权势被害),则武安六国印(苏秦封武安君,佩六国相印),害人亦不浅。

1·212 名利场中,难容伶俐。生死路上,正要糊涂。

1·213 一杯酒留万世名,不如生前一杯酒,自身行乐耳,遑(huáng,怎么能)恤(顾及)其他。百年人做千年调(做事想留名后世),至今谁是百年人,一棺戢(jí,收藏)身,万事都已(结束)。

1·214 郊野非葬人之处,楼台是为丘墓(坟墓)。边塞非杀人之场,歌舞是为刀兵。试观罗绮(丝绸衣裳,代指衣着华贵的女子)纷纷,何异旌旗密密。听管弦冗冗(多),何异松柏(此指坟墓)萧萧。葬王侯之骨,能消几处楼台;落壮士之头,经得几番歌舞。达(通达)者统为一观(看成一样),愚人指为两地。

1·215 节义傲青云(傲视高官显爵),文章高白雪。若不以德性陶镕(陶冶)之，终为血气之私(个人的私心和意气)，技能之末(雕虫小技)。

1·216 我有功于人，不可念(记在心里)，而过则不可不念。人有恩于我，不可忘，而怨则不可不忘。

1·217 径路窄处，留一步与人行。滋味浓的，减三分让人嗜(品尝)。此是涉世一极安乐法。

1·218 己情不可纵，当用逆(相反)之法制(限制，抑制)之，其道在一“忍”字。人情不可拂(拂逆，违背)，当用顺之法制之，其道在一“恕”字。

1·219 昨日之非不可留，留之则根烬复萌(死灰复燃)，而尘情(俗情)终累乎理趣(义理情趣)。今日之是不可执(执着)，执之则渣滓(杂质、糟粕)未化(无法消除)，而理趣反转为欲根(欲望的根源)。

1·220 文章不疗山水癖(癖好)，身心每被野云(指自然)羁。

卷二 集情

【导读】

金、元之际著名文学家元好问的“问世间情是何物，直教生死相许”两句，近千年来让无数平头百姓、文人墨客感慨不已。“情”是人间最难勘破之物，纵使隐士、山人能参透名利，看淡荣辱，但是真正能放下“情”的又有几人呢？

“集情”一卷卷首语中，作者就说情“可死而不可怨”，用现代人的话说，就是为“情”付出全部身心，绝不后悔，这体现了一种对感情的执着和坚守，这是古今中外至情至性之人的共同特点。可接着又说“然不死终不透彻”，看似矛盾，细想之下，却是对“情”字的至高至深的理解，这里的“死”不一定是实际的行动，却体现了愿意为感情付出一切乃至生命的决绝。“有情人终成眷属”，是感情付出时的美好愿景，可惜世间不如意之事十有八九，“虽盟在海棠，终是陌路萧郎”，有缘无分的遗憾总是让人唏嘘而不自禁。短短几十字的卷首语，包含了多少阴晴圆缺、悲欢离合。

作者在这一卷中，所辑录的百余条清言，可以让我们看到“情”之种种：论程度有“深情”“至情”“痴情”；说种类有“爱情”“友情”“亲情”；看场合有“乡情”

"离情""林下情";说意境则有"情谊""情趣""情爱"……总而言之,对各种关涉"情"的问题,作者都用前人的词句,加之自己的理解进行了诠释,体现了当时文人对"情"的理解。人类的情感,有着跨越时空的内涵,所以当今的读者读完本卷也一定会有所共鸣,亦可有所借鉴。

"情"生于心,发于言,践于行,施于万物,永世不绝。

语云,当为情死,不当为情怨。明乎情者,原可死而不可怨者也。虽然(虽然这样),既云情矣,此身已为情有,又何忍死耶?然不死终不透彻耳。韩翃之柳(安史之乱中韩翃与其爱妾柳氏失散,后历经艰难得以团圆),崔护之花(崔护曾在清明之时到城南游赏,遇到一位女子,一见钟情),汉宫之流叶(唐代卢渥前往京城赶考,途中在御沟的流水中发现一片题诗的红叶,后来唐宣宗将部分宫女送出宫外,许配给官吏,卢渥恰巧得到那位题诗的女子),蜀女之飘梧(后蜀时侯继图年轻时曾捡到一片题着相思诗的梧桐叶,成婚时,才知道桐叶上的诗是其妻出嫁前所题),令后世有情之人咨嗟(赞叹)想慕,托之语言,寄之歌咏。而奴无昆仑(唐代昆仑奴盗红绡女成全崔生),客无黄衫(霍小玉与李益相爱,后为其所弃,侠士黄衫客出手相助),知己无押衙(《无双传》中押衙帮助尚书之女刘无双与贫寒书生王仙客终成眷属),同志无虞候(《柳氏传》中虞候许俊设计将柳氏从番将沙吒利手中救出,使柳氏与韩翃终得团聚),则虽盟在海棠(在海棠前盟誓),终是陌路萧郎(古诗文中女子对其所爱男子的称呼)耳。集情第二。

2·001 家胜阳台(指男女欢会之所),为欢非梦;人惭萧史(相传春秋时秦穆公的爱女弄玉尤喜吹箫,与萧史成亲,后成仙飞升),相偶成仙;轻扇初开,忻(同"欣",心喜)看笑靥;长眉始画(用"张敞画眉"之典,比喻夫妻和美),愁对离妆;广摄金屏(设置宽阔的金色屏风),莫令愁拥;恒(常常)开锦幔,速望人归;镜台(梳妆台)新去,应余落粉;熏炉(香炉)未徙(迁走),定有余烟;泪滴芳衾(qīn,被子),锦花长湿;愁随玉轸(玉制的琴柱,代指琴),琴鹤恒惊;锦水丹鳞,素书稀远(有鱼雁传书之意);玉山青鸟(玉山:古代传说中仙人西王母居住的仙山。青鸟:神话传说中为西王母传信的神鸟),仙使难通;彩笔试操,香笺遂满;行云可托,梦想还劳(梦中仍在思念);九重(九重天,形容离家之远)千日,讵(jù,怎能不,表示反问)想倡家(古代指从事音乐歌舞的乐人,唐代后成为妓女的代名词);单枕一宵,便如浪子。当令照影双来,一鸾羞镜(指临镜生悲);勿使推窗独坐,嫦娥笑人。

2·002 几条杨柳("柳"与"留"谐音,古人在送别时常折柳条相赠),沾来多少啼痕。三叠阳关(即王维的《渭城曲》),唱彻(达,尽)古今离恨。

2·003 世无花月美人,不愿生此世界。

2·004 荀令君(即荀彧,汉末人,曾任尚书令)至人家,坐处常三日香。

2·005 罄(qìng,本义为器中空,引申为尽,用尽)南山之竹,写意(写出心中的情意)无穷;决东海之波,流情不尽。愁如云而长聚,泪若水以难干。

2·006 弄绿绮之琴(汉代司马相如之琴),焉得文君之听(卓文君听司马相如弹琴而私奔)。濡(rú,沾湿,润泽)彩毫之笔,难描京兆之眉。

2·007 瞻云望月,无非凄怆之声。弄柳拈花,尽是销魂之处。

2·008 悲火(悲伤像火一样)常烧心曲(内心深处),愁云频压眉尖。

2·009 五更三四点,点点生愁。一日十二时,时时寄恨。

2·010 燕约莺期(比喻相爱的男女约会的时日),变作鸾悲凤泣(指情侣、夫妻因感情问题而悲伤哭泣。鸾凤:指夫妻、情侣)。蜂媒蝶使(比喻为男女双方居间做媒或传递书信的人),翻(变)成绿惨红愁(指男女之间的种种愁怨)。

2·011 花柳深藏淑女居,何殊(有什么差别)弱水三千(指传说中险而遥远的河流弱水。这里比喻阻隔爱人相会的环境)。雨云不入襄王(即楚怀王)梦,空忆十二巫山(楚怀王与巫山神女相会之事)。

2·012 枕边梦去心亦去,醒后梦还心不还。

2·013 万里关河,鸿雁来时悲信断(音信断绝)。满腔愁绪,子规(杜鹃)啼处忆人归。

2·014 千迭云山千迭愁，一天明月一天恨。

2·015 豆蔻不消心上恨，丁香空结雨中愁。

2·016 月色悬空，皎皎明明，偏自照人孤另。蛩(qióng，蟋蟀)声泣露，啾啾唧唧，都来助我愁思。

2·017 慈悲筏，济(渡)人出相思海。恩爱梯，接人下离恨天。

2·018 费长房(东汉方士，传说会缩地术)，缩不尽相思地。女娲氏，补不完离恨天。

2·019 孤灯夜雨，空把青年(青春)误。楼外青山无数，隔不断新愁来路。

2·020 黄叶无风自落，秋云不雨长阴。天若有情天亦老，摇摇幽恨难禁(谓深藏于心中的怨恨，让人心神不定)。惆怅旧欢如梦，觉来无处追寻。

2·021 蛾眉(此指奴婢或妓女)未赎，谩劳(徒劳)桐叶寄相思。潮信(音信)难通，空向桃花寻往迹。

2·022 野花艳目，不必牡丹。村酒酣人，何须绿蚁(新酿的酒)。

2·023 琴罢辄举酒，酒罢辄吟诗。三友(琴、酒、诗)递(传递)相引(相邀)，循环无已时。

2·024 阮籍(魏晋时期的名士)邻家少妇有美色，当垆沽酒(坐在垆边卖酒)，籍尝诣(曾经去)饮，醉便卧其侧。

2·025 隔帘闻堕钗声(玉钗落地的声音)，而不动念者，此人不痴则慧。我幸在不痴不慧中。

2·026 桃叶题情(题写诗句，寄托别情)，柳丝牵恨(牵动离恨)。胡天胡帝(形容女子容貌美丽)，登徒(好色而不择美丑者为"登徒子")于焉(这里)怡目(悦目)。为云为雨(后用"云雨"指男女欢会)，宋玉因而荡心(心意摇荡)。

2·027 轻泉刀(泉与刀都是古代钱币的名称，泛指钱财)若土壤，居然翠袖(色彩鲜艳、华丽的衣服)之朱家(秦汉之际的游侠)。重然诺(诺言)如丘山，不忝(辱；有愧于)红妆(指女子中的)之季布(先后在项羽和刘邦军中

为将，以信守诺言、讲信用而著称）。

2·028 蝴蝶（化用“庄生梦蝶”的典故）长悬孤枕梦（指独宿、独眠），凤凰不上断弦（丧妻）鸣。

2·029 吴妖（吴国的美貌女子）小玉飞作烟（吴王夫差之女紫玉因情而亡化作了一缕青烟消失了），越艳（越国美女）西施化为土。

2·030 妙唱（美妙的歌声）非关舌，多情岂在腰（用“楚王好细腰”之典）。

2·031 孤鸿翱翔以不去，浮云黯霸（duì，云疾飞的样子）而荏苒。

2·032 楚王宫里，无不推其细腰。卫国佳人，俱言讶（称赞）其纤手。

2·033 传鼓瑟于杨家（西汉杨恽的妻子善鼓瑟），得吹箫于秦女（出自萧史弄玉之典）。

2·034 春草碧色，春水绿波，送君南浦（泛指分离送别之地），伤如之何！

2·035 玉树（用珠宝制作的树）以珊瑚作枝，珠帘以玳瑁（爬行动物，形似龟，甲壳可作装饰品）为柙（同“匣”）。

2·036 东邻（古诗文中常指美女）巧笑（美好的笑），来侍寝于更衣（来为皇帝更衣时侍寝）。西子微颦（西施微微地皱眉更显美丽），将横陈（横躺）于甲帐。

2·037 骋纤腰于《结风》（古代舞曲名），奏新声于度曲（按曲谱歌唱），妆鸣蝉之薄鬓，照堕马之垂鬟（形容美女们鬓发美丽。鸣蝉、坠马：古代妇女的鬓发样式。鬟：huán）。金星与婺女（婺星宿名，即女宿）争华，麝月（月亮）共嫦娥竞爽。惊鸾（惊飞的鸾鸟，形容舞姿轻盈美妙）冶袖（华丽的长袖），时飘韩掾之香（指女方送给男方的爱情信物）；飞燕长裾（汉成帝皇后赵飞燕，长裾善舞。裾：jū，衣服前襟），宜结陈王之佩（三国魏陈思王曹植的玉佩）；轻身无力，怯南阳之捣衣（庾信《夜听捣衣诗》）；生长深宫，笑扶风之织锦（前秦窦滔获罪流放，其妻苏蕙织锦绣回文诗寄思念之情）。

2·038 青牛帐（画有青牛的帷帐。青牛在古代被认为能避邪）里，余曲既终。朱鸟窗（南窗的别称）前，新妆已竟（完成）。

2·039 山河绵邈（广袤、辽远），粉黛若新。椒华（椒房）承彩，竟虚待月之帘。癸骨（指女子的尸骨）埋香，谁作双鸾（暗指住在灵岩山馆娃宫的西施、郑旦）之雾。

2·040 蜀纸麝煤（含有麝香的墨，泛指名贵的墨）添笔媚，越瓯（越窑所产的茶瓯。瓯：ōu）犀液（桂花水）发茶香，风飘乱点更筹（古代夜间报更用的计时竹签）转，拍（节拍）送繁弦曲破（词的一种体裁）长。

2·041 教移兰烬（蜡烛燃烧后的灰烬）频羞影，自试香汤（指用于沐浴的水）更怕深，初似染花（花被污染，沾染污物）难抑按，终忧沃雪（把热水浇在雪上）不胜任，岂知侍女帘帏外，剩取君王数饼金（饼状的金块）。

2·042 静中楼阁深春雨，远处帘栊半夜灯。

2·043 绿屏无睡秋分簟（diàn，竹席），红叶伤时月午（月半时分）楼。

2·044 但觉夜深花有露，不知人静月当楼，何郎（南朝梁诗人何逊）烛暗谁能咏，韩寿香薰亦任偷（贾充之女偷香赠韩寿）。

2·045 阆苑（传说中神仙居住的地方。阆：làng）有书多附鹤（托付给仙鹤。传说中仙家用仙鹤传递书信），女床（传说中的仙山）无树不栖鸾，星沉海底（长夜将晓之际，繁星仿佛沉入海底）当窗见，雨过河源（古代指黄河的源头。此指银河）隔座看。

2·046 风阶拾叶，山人茶灶劳薪。月径聚花，素士吟坛（诗人聚会之处）绮（绮丽）席（筵席）。

2·047 当场笑语，尽如形骸（人的躯体）外之好人。背地风波，谁是意气中之烈士。

2·048 山翠扑帘，卷不起青葱一片。树阴流径，扫不开芳影几重。

2·049 珠帘蔽月，翻（转身）窥窈窕之花。绮幔（绮丽的帷幔）藏云，恐碍扶疏之柳。

2·050 幽堂昼深（白昼显得特别深长），清风忽来好伴。虚窗（打开的窗户）夜朗，明月不减故人（老朋友间的情谊）。

2·051 多恨赋花（吟诗赏花），风瓣（风吹花瓣）乱侵笔墨。含情问柳，雨丝牵惹衣裾。

2·052 亭（指长亭）前杨柳，送尽到处游人。山下蘼芜（mí wú，一种香草，诗文中常用来比喻弃妇），知是何时归路。

2·053 天涯浩缈，风飘四海之魂。尘士（指远离家乡的旅人）流离，灰染半生之劫。

2·054 蝶憩香风，尚多芳梦。鸟沾红雨（打落花瓣之雨），不任（不能承受）娇啼。

2·055 幽情化而石立（用望夫石之典），怨风结（王昭君出塞，弹奏琵琶诉说衷情，十分哀怨）而冢青（相传塞草皆白，唯独昭君冢上生长出青草），千古空闺之感，顿令薄幸惊魂。

2·056 一片秋山，能疗病客（疲病的旅居在外之人）。半声（形容鸟鸣声短而弱）春鸟，偏唤愁人。

2·057 李太白酒圣，蔡文姬书仙，置之一时，绝妙佳偶。

2·058 华堂今日绮筵开，谁唤分司御史（唐诗人杜牧自称）来。忽发狂言惊满座，两行红粉（指众多美女）一时回。

2·059 缘之所寄（寄托，寄寓），一往而深。故人恩重，来燕子于雕梁。逸士情深，托凫雏（幼小的凫鸟）于春水。

2·060 好梦难通，吹散巫山云气。仙缘未合，空探游女珠光（讲郑交甫遇汉水女神事）。

2·061 桃花水泛，晓妆宫里腻胭脂（化用唐代杜牧《阿房宫赋》中的诗句）。杨柳风多，堕马结（古代妇女的一种发式）中摇翡翠。

2·062（荷花）对妆则色殊（不同），比兰则香越（超过）。泛明彩于宵波，飞澄华（明净的光华）于晓月。

2·063 纷（纷披）弱叶而凝照（阳光集中照射），竞新藻而抽英（开花）。

2·064 手巾还欲燥，愁眉即使开。逆想（预想）行人至，迎前含笑来。

2·065(捣衣声)透迤(幽深曲折)洞房(闺房),半入宵梦。窈窕闲馆(深远宽敞的馆舍),方增客愁。

2·066 悬媚子(装饰物)于搔头(玉簪),拭钗梁(钗的主干部分)于粉絮(棉质粉扑)。

2·067 临风弄笛,栏杆上桂影(代指月亮)一轮。扫雪烹茶,篱落(篱笆)边梅花数点。

2·068 银烛轻弹,红妆(指妆容美丽的女子)笑倚,人堪惜,情更堪惜。困雨花心,垂阴柳耳(生长于柳树枝上的木耳),客堪怜,春亦堪怜。

2·069 肝胆谁怜,形影自为管鲍(指春秋时期齐国的管仲与鲍叔牙)。唇齿相济,天涯孰是穷交(患难之交)?兴言(很有兴致地说)及此,辄(就)欲再广(增补扩充)绝交之论,重作署门之句(重新写了门上的语句)。

2·070 燕市之醉泣(用荆轲与高渐离相交之典故),楚帐之悲歌,岐路之涕零(用战国杨朱歧路而哭之典),穷途之恸哭(化用阮籍穷途恸哭之典)。每一退念及此,虽在千载以后,亦感慨而兴嗟(兴叹)。

2·071 陌(乡间小路)上繁华(即繁花),两岸春风轻柳絮。闺中寂寞,一窗夜雨瘦梨花。芳草(此指心中的爱人)归迟,青骢别易,多情成恋,薄命何嗟。要(关键是)亦人各有心,非关女德善怨(女子天生多愁善感)。

2·072 山水花月之际,看美人更觉多韵。非美人借韵于山水花月也,山水花月直(正是)借美人生(生出)韵耳。

2·073 深花枝,浅花枝,深浅花枝相间时,花枝难似伊(他)。巫山高,巫山低,暮雨潇潇郎不归,空房独守时。

2·074 青娥(年轻美丽的女子)皓齿别吴倡(歌妓、舞女),梅粉妆(额头上画上梅花)成半额黄(六朝时流行的妆容)。罗屏绣幔围寒玉(比喻容貌清俊的男子),帐里吹笙学凤凰(萧史弄玉典故)。

2·075 初弹如珠后如缕,一声两声落花雨,诉尽平生云水心(如云如水漂流不定的心情)，尽是春花秋月语。

2·076 春娇(春天的美景)满眼睡红绡(轻纱帷幔)，掠削云鬟旋(随即)妆束，飞上九天(指皇宫)歌一声，二十五郎(指唐代邠王李承宁，排行二十五，善吹笛)吹管逐。

2·077 琵琶新曲，无待石崇(西晋富豪)。箜篌(一种历史悠久的汉族弦鸣弹拨乐器)杂引，非因曹植。

2·078 休文腰瘦，羞惊罗带之频宽(用沈约消瘦之典)。贾女(指贾充的女儿，韩寿之妻)容销，懒照蛾眉之常锁。

2·079 琉璃砚匣，终日随身。翡翠笔床(毛笔架)，无时离手。

2·080 清文满箧(qiè，箱子)，非惟芍药之花(此指言情的文学作品)。新制连篇，宁止葡萄之树。

2·081 西蜀豪家，托情穷于鲁殿(鲁灵光殿，是西汉景帝之子鲁恭王刘余在鲁国曲阜建造的宫殿)。东台(汉代的尚书台，即尚书省)甲馆(指南北朝宫廷藏书之所)，流咏止于洞箫(《洞箫赋》，中国历史上第一篇吟咏音乐的赋)。

2·082 醉把杯酒，可以吞江南吴越之清风。拂剑长啸，可以吸燕赵秦陇之劲气。

2·083 林花(林中之花)翻洒，乍飘飏(飘动飞扬)于兰皋(长着兰草的河岸)。山禽啭响，时弄声于乔木。

2·084 长将姊妹丛中避，多爱湖山僻处行。

2·085 未知枕上曾逢女，可认眉尖与画郎(夫婿)。

2·086 苹风(掠过苹草之风；微风)未冷催鸳别，沉檀(指沉香木和檀木)合(同"盒")子留双结(同心结)。千缕愁丝只数围，一片香痕(泪痕)才半节。

2·087 那忍重看娃(即李娃)鬓绿(指乌黑的头发)，终期(期望)一遇客衫黄(指黄衫客)。

2·088 金钱赐侍儿，暗嘱教休话。

2·089 薄雾几层推月出，好山无数渡江来。轮将秋动虫先觉，换得更深鸟越催。

2·090 花飞帘外凭笺讯(书信),雨到窗前滴梦寒。

2·091 樯标(船上的桅杆)远汉(天河、银河),昔时鲁氏之戈(周武王的部下鲁阳公向日挥戈,太阳倒退三个星宿)。帆影寒沙,此夜姜家之被(姜肱三兄弟感情深厚,盖同一床被子)。

2·092 填愁不满吴娃井(即苏州灵岩山上的吴王井),剪纸空题蜀女(后蜀侯继图之妻桐叶题诗之事)祠。

2·093 良缘易合,红叶亦可为媒。知己难投,白璧未能获主(指和氏璧起初不为人识)。

2·094 填平湘岸都栽竹,截住巫山不放云。

2·095 鸭(指鸭形的香炉)为怜香死,鸳(指鸳鸯形的香炉)因泥(沉溺)睡痴。

2·096 红印山痕春色微,珊瑚枕上见花飞,烟鬟(指妇女如烟的鬟发)潦乱香云湿,疑向襄王梦里归。

2·097 零乱如珠为点妆,素辉(指月光)乘月湿衣裳,只愁天酒(指露水)倾如斗,醉却环姿(蜷缩着身子)傍玉床。

2·098 有魂落(寄托)红叶(指红叶题诗之事),无骨(没有骨气的文人)锁青鬟(指美女)。

2·099 书题蜀纸愁难浣(洗),雨歇巴山话亦陈(反其意用巴山夜雨诗)。

2·100 盈盈相隔愁追随,谁为解语来香帷。

2·101 斜看两鬟垂,俨似行云嫁。

2·102 欲与梅花斗宝妆,先开娇艳逼寒香。只愁冰骨(女子洁美的体肤)藏珠屋,不似红衣(红衣美女)待玉郎。

2·103 从教弄酒春衫涴(沾湿),别有风流上眼波。

2·104 听风声以兴思(张翰闻秋风思莼鲈而弃官归乡),闻鹤唳以动怀,企庄生(庄子)之逍遥,慕尚子(尚长四处云游)之清旷。

2·105 灯结细花成穗落,泪题愁字带痕红。

2·106 无端饮却相思水，不信相思想杀人（想煞人）。

2·107 渔舟唱晚，响穷（响彻）彭蠡（鄱阳湖）之滨。雁阵惊寒，声断衡阳之浦（水边平地）。

2·108 爽籁（排箫）发而清风生，纤歌凝而白云遏（停留）。

2·109 杏子轻纱初脱暖，梨花深院自多风。

卷三　集峭

【导读】

君子立于世，不可无“峭”心。

“峭”卷仅列于“醒”“情”两卷之后，位于全书第三，可见作者对其重视程度，就风格而言，该卷不同于其他卷的风花雪月、泉石云烟，而尽显阳刚之美。

“峭”在现代日常生活中一般是用来说山势的高陡，很少用来形容人，但如果翻开字典查一下，就可以发现，在“峭”字的解释中，有多个义项都是形容为人的：“严峻”、“苛刻，严酷”、“高超不凡”。《小窗幽记》的作者在这卷中，也正是用这个“峭”字来概括他心中对君子操守和品质的要求：君子要严格地要求自己，苛刻而严酷，以达到高超不凡的境界。这样的要求，既是中国传统儒家文化对士人的要求，也与晚明的社会现实密切相关。

陈继儒作为一名隐士，大部分公开言论中都避免直接论及朝政，但在和他的好友、著名旅行家徐霞客的通信《答徐霞客》中，陈继儒提到：“今宇内（国家疆域之内）多故（变故），尧舜（代指圣明的君王）在上，犹有水旱、夷狄、盗贼之忧。此无他也，遇丰稔则吏梳而官篦（官吏盘剥）之，遇流劫则寇梳而兵篦（兵匪横行）之。京陵虽幸太平，而秦、晋、楚、洛涂炭极矣。”这段话在劝告徐霞客注意自身安全的同时，也从侧面反映出了当时的社会状况。

这样的时代，就更需要读书人能守住“峭”心，刚毅顽强、坚持操守，在乱世中守住本心，方不失君子本色。

今天下皆妇人矣，封疆缩(被侵占)其地，而中庭(庙堂前阶下正中部分)之歌舞犹喧。战血枯(枯干)其人，而满座之貂蝉(代指权贵之臣)自若。我辈书生，既无诛贼讨乱之柄，而一片报国之忱，惟于寸楮尺字间(在文章中。楮：chǔ，造纸的原料。亦作纸的代称)见之，使天下之须眉而妇人者，亦耸然有起色。集峭第三。

3·001 忠孝吾家之宝，经史吾家之田。

3·002 闲到白头真是拙，醉逢青眼(表示喜爱或重视)不知狂。

3·003 兴之所到，不妨呕出惊人(吟咏出惊人之句)心，故不然，也须随场作戏。

3·004 放得俗人心下，方可为丈夫。放得丈夫心下，方名为仙佛。放得仙佛心下，方名为得道。

3·005 吟诗劣于讲学，骂座(座位上破口大骂)恶于足恭(过分恭顺)。两而揆之(两相比较之下。揆：kuí，忖度)，宁为薄行狂夫，不作厚颜君子。

3·006 观人题壁，便识文章。

3·007 宁为真士夫，不为假道学。宁为兰摧玉折，不作萧敷艾荣。

3·008 随口利牙，不顾天荒地老。翻肠倒肚，那管鬼哭神愁。

3·009 身世浮名，余以梦蝶视之，断不受(绝不会)肉眼(俗眼)相看。

3·010 达人撒手悬崖(危险的境地)，俗子沉身苦海。

3·011 销骨(人言可畏)口中，生出莲花九品(佛家术语，代表最高境界)，铄金舌上，容他鹦鹉(鹦鹉学舌)千言。

3·012 少言语以当贵，多著述以当富，载清名以当车，咀英华以当肉。

3·013 竹外窥莺，树外窥水，峰外窥云，难道我有意无意。鸟来窥人，月来窥酒，雪来窥书，却看他有情无情。

3·014 体裁(风度姿态)如何，出月隐山。情景(个人情感)如何，落日映屿。气魄如何，收霞敛色。议论如何，回飙(回旋的风)拂渚(水中的小洲)。

3·015 有大通必有大塞，无奇遇必无奇穷。

3·016 雾满杨溪，玄豹(黑豹，后喻怀才畏忌而隐居的人)山间偕日月。云飞翰苑(文翰荟萃之处)，紫龙(有文采的人)天外借风雷。

3·017 西山霁雪，东岳含烟。驾凤桥(凤凰桥)以高飞，登雁塔(西安大雁塔)而远眺。

3·018 一失脚为千古恨，再回头是百年人。

3·019 居轩冕(指居于高位之人)之中，不可无山林(隐居)的气味。处林泉之下(隐居之地)，须常怀廊庙(朝廷)的经纶。

3·020 学者要有兢业的心思，又要有潇洒的趣味。

3·021 平民种德施惠，是无位之卿相。士夫贪财好货，乃有爵的乞人。

3·022 烦恼场空，身住清凉世界。营求念绝，心归自在乾坤。

3·023 觑破兴衰究竟，人我得失冰消。阅尽寂寞繁华，豪杰心肠灰冷。

3·024 名衲谈禅，必执经升座，便减三分禅理。

3·025 穷通(贫穷或显达)之境未遭，主持之局(人生的大局)已定。老病之势未催，生死之关先破。求之今世，谁堪语此？

3·026 一纸八行(古时候一页多写八行)，不过寒温(应酬之语)之句。鱼腹雁足(指书信)，空有往来之烦。是以嵇康不作，严光口传，豫章掷之水中(东晋豫章太守殷羡将拉关系的书信全扔进水中)，陈泰挂之壁上(三国时期魏并州刺史陈泰将送来的礼全挂在墙上不拆封)。

3·027 枝头秋叶，将落犹然恋树。檐前野鸟，除死方得离笼。人之处世，可怜如此。

3·028 士人有百折不回之真心，才有万变不穷之妙用。

3·029 立业建功，事事要从实地着脚，若少慕声闻(追求名声)，便成伪果(华而不实的成果)。讲道修德，念念(心中所有的念头)要从虚处(不图功利处)立基，若稍计功效，便落尘情。

3·030 执拗者福轻，而圆融之人其禄必厚。操切(做事急切)者寿夭，而宽厚之士其年必长。故君子不言命，养性(修养性情)即所以立命。亦不言天，尽人自可以回天。

3·031 才智英敏者，宜以学问摄(统摄、抑制)其躁。气节激昂者，当以德性融(消融)其偏(偏激)。

3·032 苍蝇附骥(苍蝇趴在马尾巴上，比喻凡人依附贤者而成功)，捷则捷矣，难辞处后(马屁股)之羞。茑萝(一种蔓草，依附于松树而生。茑：niǎo)依松，高则高矣，未免仰攀之耻。所以君子宁以风霜自挟(自我勉励)，毋为鱼鸟亲人(像缸中鱼、笼中鸟一般亲附于人)。

3·033 伺察以为明者，常因明而生暗(不清楚)，故君子以恬养智。奋迅(冒进急躁)以求速者，多因速而致迟，故君子以重持轻。

3·034 有面前之誉易，无背后之毁难。有乍交之欢易，无久处之厌难。

3·035 宇宙内事(世间之事)，要力担当，又要善摆脱。不担当，则无经世之事业；不摆脱，则无出世之襟期(胸怀)。

3·036 待人而留有余不尽之恩，可以维系无厌之人心。御事(处理事情)而留有余不尽之智，可以提防不测之事变。

3·037 无事如有事时提防，可以弭意外之变。有事如无事时镇定，可以销局中之危。

3·038 爱是万缘之根，当知割舍。识是众欲之本，要力扫除。

3·039 舌存常见齿亡，刚强终不胜柔弱。户(门板)朽未闻枢(门的转轴)蠹，偏执岂及圆融。

3·040 荣宠旁边辱等待，不必扬扬(得意的样子)。困穷背后福跟随，何须戚戚（伤心的样子）。

3・041 看破有尽身躯（人生有限），万境之尘缘自息（自然就会熄灭）。悟入无怀（指没有牵挂）境界，一轮之心月独明。

3・042 霜天闻鹤唳，雪夜听鸡鸣，得乾坤清绝之气。晴空看鸟飞，活水观鱼戏，识宇宙活泼之机。

3・043 斜阳树下，闲随老衲清谈。深雪堂中，戏与骚人白战（指作禁体诗的比赛）。

3・044 山月江烟，铁笛数声，便成清赏。天风海涛，扁舟一叶，大是奇观。

3・045 秋风闭户，夜雨挑灯，卧读《离骚》泪下。霁日寻芳，春宵载酒，闲歌《乐府》神怡。

3・046 云水中载酒，松篁（松与竹）里煎茶，岂必銮坡（指翰林院）侍宴。山林下著书，花鸟间得句，何须凤沼（凤凰池）挥毫。

3・047 人生不好古，象鼎牺樽（饰以象纹的鼎和牛形状的酒樽，代指珍贵的古代文物）变为瓦缶。世道不怜才，凤毛麟角化作灰尘。

3・048 要做男子，须负刚肠。欲学古人，当坚苦志。

3・049 风尘善病，伏枕处一片青山。岁月长吟，操觚（指写诗行文。觚：gū，古代用来书写的木简）时千篇白雪。

3・050 亲兄弟折箸（不团结），璧合翻作瓜分（就像整块美玉被切开而失去价值）。士大夫爱钱，书香化为铜臭。

3・051 心为形役（心神被生活、功名利禄所驱使），尘世马牛。身被名牵，樊笼鸡鹜（wù，鸭子）。

3・052 懒见俗人，权辞托病。怕逢尘事，诡迹（隐藏行迹）逃禅（逃遁世事，参禅悟道）。

3・053 人不通古今，襟裾马牛（穿着衣服的牛马）。士不晓廉耻，衣冠狗彘（穿衣戴帽的猪狗）。

3・054 道院吹笙，松风袅袅。空门（即佛门）洗钵（代指传经授法），花雨纷纷。

3·055 囊无阿堵物（钱），岂便求人。盘有水晶（虾的别称）盐，犹堪留客。

3·056 种两顷负郭田（本指靠近城市的田地，此指田地），量晴校雨（预测天气的阴晴变化）。寻几个知心友，弄月嘲风。

3·057 着屐登山，翠微中独逢老衲。乘桴（木筏）浮海，雪浪里群傍闲鸥。

3·058 才士不妨泛驾（不受约束地驾车悠游），辕下驹（指车辕下不惯驾车之幼马，也比喻少见世面、器局不大之人）吾弗愿也。诤臣岂合（应该）模棱，殿上虎（指敢于直谏的诤臣）君无尤（即“忧”）焉。

3·059 荷钱榆荚（刚刚长出来的很小的荷叶、榆荚，形状都与钱币相似。此代指金钱），飞来都作青蚨（代指钱）。柔玉温香，观想可成白骨。

3·060 旅馆题蕉（芭蕉叶），一路留来魂梦谱（魂牵梦绕的诗谱）。客途惊雁，半天（半空中）寄落别离书。

3·061 歌儿带烟霞之致，舞女具丘壑之资。生成世外风姿，不惯尘中物色。

3·062 今古文章，只在苏东坡鼻端（眼前）定优劣。一时人品，却从阮嗣宗（即阮籍）眼内别雌黄。

3·063 魑魅满前，笑着阮家无鬼论（晋永嘉年间，太子舍人阮瞻一向主张无鬼论）。炎嚣阅世，愁披刘氏北风图（东汉著名画家刘褒）。

3·064 气夺山川，色结烟霞。

3·065 诗思在灞陵桥上，微吟处，林岫（丛林山峰）便已浩然。野趣在镜湖（位于今浙江省绍兴市城北）曲边，独往时，山川自相映发。

3·066 至音不合众听，故伯牙绝弦。至宝不同众好，故卞和泣玉（和氏璧）。

3·067 看文字，须如猛将用兵，直是鏖战一阵，亦如酷吏治狱，直是推勘到底，决不恕他。

3·068 名山乏侣，不解壁上芒鞋（草鞋）。好景无诗，虚（空）携囊中锦字（好文章）。

3・069 辽水无极，雁山参云，闺中风暖，陌上（乡间小道）草薰（青草发出香气）。

3・070 秋露如珠，秋月如珪（美玉），明月白露，光阴往来，与子之别，思心徘徊。

3・071 声应气求之夫（意气相投之人），决不在于寻行数墨之士。风行水上之文（自然天成的文章），决不在于一字一句之奇。

3・072 借他人之酒杯，浇自己之块垒（激愤、不平）。

3・073 春至不知湘水深，日暮忘却巴陵道。

3・074 奇曲雅乐，所以禁淫（指低俗的音乐）也。锦绣黼黻（泛指礼服上所绣的华美花纹。黼：fǔ，古代礼服上绣的半黑半白的花纹。黻：fú，古代礼服上黑与青相间的花纹），所以御暴（预防奢侈）也。缛（繁缛）则太过，是以檀卿（指檀弓，春秋时期鲁国人，精通周礼）刺郑声（原指春秋战国时郑国的音乐，与儒家学派提倡的雅乐不同，故受儒家排斥。此后，凡与雅乐相背的音乐，甚至一般的民间音乐，均被斥为“郑声”），周人伤《北里》（抨击《北里》这样糜烂的舞曲）。

3・075 静若清夜之列宿，动若流彗之互奔。

3・076 振骏气（宏大的气势）以摆雷（摆布雷声），飞雄光（雄壮的光芒）以倒电（压倒闪电）。

3・077 停之如栖鹄（hú，天鹅），挥之如惊鸿，飘缨蕤（此指旗帜的饰物。蕤：ruí）于轩幌（辕车），发晖曜于群龙。

3・078（阳光）始缘（沿着）甍（méng，屋脊）而冒（冲破）栋（栋梁），终开帘而入隙。初便娟（阳光映射的美景）于墀庑（chí wǔ，庭院），末萦（回旋）盈（洒满）于帷席。

3・079 云气荫于丛蓍（shī，一种香草），金精（九月上寅日所采的甘菊）养于秋菊。落叶半床，狂花满屋。

3・080 雨送添砚之水，竹供扫榻之风。

3・081 血三年而藏碧（化用苌弘化碧之典），魂一变而成红（用杜鹃啼血之典）。

3·082 举黄花而乘月艳，笼(拢)黛叶(指乌黑的头发)而卷云翘(像云朵一样高高耸起的发髻)。

3·083 垂纶(垂钓)帘外，疑钩势之重悬(鱼咬钩使鱼钩下沉)。透影窗中，若镜光之开照。

3·084 叠轻蕊而矜暖(温暖)，布重泥(厚厚的土地)而讶湿，迹(行迹)似连珠，形如聚粒。

3·085 宵光(月光)分晓(天刚刚亮)，(鸟儿)出虚窦(虚掩的鸟巢)以双飞。微阴合暝(天色将要变得晦暗的时候)，舞低檐而并入。

3·086 任他极有见识，看得假认不得真。随你极有聪明，卖得巧藏不得拙。

3·087 伤心之事，即懦夫亦动怒发。快心之举，虽愁人亦开笑颜。

3·088 论官府不如论帝王，以佐史臣之不逮(没有达到之处)。谈闺阃不如谈艳丽(才子佳人的风流艳事)，以补风人(指古代采集民歌风俗，以观民风的官员)之见遗(遗漏之处)。

3·089 是技皆可成名天下，唯无技之人最苦。片技即足自立天下，唯多技之人最劳。

3·090 傲骨、侠骨、忠骨，即枯骨可致千金(化用《战国策》中千金求马的典故)。冷语、隽语(耐人寻味的言辞)、韵语，即片语亦重九鼎。

3·091 议生草莽无轻重，论到家庭无是非。

3·092 圣贤不白之衷(无法表白的心迹)，托之日月。天地不平之气，托之风雷。

3·093 风流易荡(容易变成放荡)，佯狂近颠。

3·094 书载茂先三十乘，便可移家(晋代文学家张华，字茂先，搬家的时候，用了三十辆车才把书运完)。囊无子美一文钱，尽堪结客(化用杜甫家贫的典故)。

3·095 有作用者，器宇定是不凡，有受用者，才情决然不露。夫人有短，所以见长。

3·096 松枝自是幽人(隐居之人)笔，竹叶常浮野客(山野之人)杯。

3·097 且与少年饮美酒，往来射猎西山头。

3·098 瑶草(传说中的香草)与芳兰而并茂，苍松齐古柏以增龄(延年益寿)。

3·099 好山当户天呈画，古寺为邻僧报钟(报时敲钟)。

3·100 群鸿戏海，野鹤游天。

卷四 集灵

【导读】

本卷围绕一个“灵”字，共辑录了一百七十篇古人的诗词章句，是全书中篇幅比较大的一卷。这一卷的内容与前三卷相比，显得更加轻盈、灵动，富有诗意，体现了明清文坛中在风格方面对灵动自然的追求。

读书人的“灵”要体现在自身的行为上，本卷中用简淡灵动的笔墨描写了作者心中士人理想的生活方式：笔墨纸砚、琴棋书画，无不体现着文人的“灵”，在平和冲淡的状态中度过人生，无论是仕于朝还是隐于市，不忘初心，遇事不畏亦不兴，才是真君子。

“灵”在这卷中更加直接的体现是“万物有灵”，这是世界各种文化在世界观和认识论上都曾经历的一个发展阶段，也是中国道教文化的思想核心。本书的作者深受道教文化的影响，用天人合一的观念来理解和认识世界，从自然万物中体味着人间炎凉，世态变迁。在本卷中山水林泉、鸟兽花木都用自己的方式诠释着君子之风，都在提醒着每一个士人：立身于乱世，依然要长保内心的平静，坚持做人的操守。

天下有一言之微而千古如新，一字之义而百世如见者，安可泯灭之？故风雷雨露，天之灵。山川名物，地之灵。语言文字，人之灵。罣(yì，暗中察看)三才(指天、地、人)之用，无非一灵以神其间(在中间发挥了神奇的作用)，而又何可泯灭之？集灵第四。

4·001 投刺(名帖)空劳，原非生计。曳裾(成语"曳裾王门"之省称：比喻在权贵的门下做食客)自屈，岂是交游。

4·002 事遇快意处当转(调整)，言遇快意处当住。

4·003 俭为贤德，不可着意求贤。贫是美称，只是难居(守持)其美。

4·004 志要高华，趣要淡泊。

4·005 眼里无点灰尘，方可读书千卷。胸中没些渣滓，才能处世一番。

4·006 眉上几分愁，且去观棋酌酒。心中多少乐，只来种竹浇花。

4·007 茅屋竹窗，贫中之趣，何须脚到李侯门(李侯指东汉李膺。"李侯门"誉称名高望重之家)。草帖(草书法帖)画谱，闲里所需，直凭心游扬子宅(扬子指西汉文学家扬雄)。

4·008 好香用以熏德，好纸用以垂世，好笔用以生花，好墨用以焕彩，好茶用以涤烦，好酒用以消忧。

4·009 声色娱情，何若净几明窗，一坐息顷。利荣驰念(荣华名利之念充塞心中)，何若名山胜景，一登临时。

4·010 竹篱茅舍，石屋花轩。松柏群吟，藤萝翳景(遮蔽日光。翳：yì，遮蔽)。流水绕户，飞泉挂檐。烟霞欲栖，林壑(山谷)将暝(黄昏)。中处野叟山翁四五，予(我)以闲身，作此中主人，坐沉红烛(坐到红烛光沉)，看遍青山，消我情肠，任他冷眼。

4·011 问妇索酿(酒)，瓮有新笃(新酿出的酒。笃：chōu，用竹编成的滤酒器具)。呼童煮茶，门临好客。

4·012 花前解佩(解下佩戴的饰物)，湖上停桡(ráo，船桨。此指小船)，弄月(赏月)放歌，采莲高醉。晴云微袅，渔笛《沧浪》，华句(华美的鱼钩。句:同“勾”,钓钩)一垂,江山共峙(相对)。

4·013 胸中有灵丹一粒,方能点化俗情,摆脱世故。

4·014 独坐丹房,潇然(清幽寂静)无事,烹茶一壶,烧香一炷,看达摩(中华禅宗始祖,南朝梁武帝时自印度航海入中国,曾在嵩山少林寺面壁而坐,参禅长达九年)面壁图。垂帘少顷,不觉心净神清,气柔息(呼吸)定,濛濛(空空)然如混沌境界,意者(想到)揖(拜见)达摩与之乘槎(乘筏泛游)而见麻姑(传说中的女神仙)也。

4·015 无端(非常)妖冶,终成泉下骷髅。有分功名,自是梦中蝴蝶(指虚幻的东西)。

4·016 累月独处,一室萧条。取云霞为侣伴,引青松为心知。或稚子老翁,闲中来过,浊酒一壶,蹲鸱(即大芋头。鸱:chī,古书上指鹞鹰)一盂,相共开笑口,所谈浮生闲话,绝不及市朝。客去关门,了无报谢(送客或言谢),如是毕余生足矣。

4·017 半坞白云耕不尽,一潭明月钓无痕。

4·018 茅檐外,忽闻犬吠鸡鸣,恍似云中世界。竹窗下,唯有蝉吟鹊噪,方知静里乾坤。

4·019 如今休去便休去,若觅了时无了时。若能行乐,即今便好快活。身上无病,心上无事,春鸟是笙歌(合笙之歌。此代指动听的音乐),春花是粉黛。闲得一刻,即为一刻之乐,何必情欲乃为乐耶?

4·020 开眼便觉天地阔,挝鼓非狂(挝鼓并非狂傲。挝:zhuā,敲打)。林卧不知寒暑更,上床空算(功名利禄均为空算)。

4·021 惟俭可以助廉,惟恕可以成德。

4·022 山泽未必有异士,异士未必在山泽。

4·023 业(恶业、罪孽)净六根(指六种感觉器官:眼、耳、鼻、舌、身、意)成慧眼(佛教语,为五眼之一),身无一物到茅庵。

4·024 人生莫如闲,太闲反生恶业。人生莫如清,太清反类俗情。

4·025“不是一番寒彻骨,怎得梅花扑鼻香。”念头稍缓时,便宜(应该)庄(庄重)诵一遍。

4·026 梦以昨日为前身，可以今夕为来世。

4·027 读史要耐讹（错误）字，正如登山耐仄路（狭窄弯曲的小路），踏雪耐危桥，闲居耐俗汉，看花耐恶酒，此方得力。

4·028 世外交情，惟山而已。须有大观眼（洞察万物的慧眼），济胜具（能登临山川名胜的强健躯体），久住缘（久居山中的机缘），方许与之莫逆。

4·029 九山散樵（本条作者明朝文人陆树声自号），浪迹俗间，徜徉自肆，遇佳山水处，盘礴（盘起腿来坐着）箕踞，四顾无人，则划然长啸，声振林木。有客造榻（走到床前）与语，对曰："余方游华胥（指理想的安乐和平之境，亦作梦境的代称），接（遇见）羲皇，未暇理君语。"客之去留，萧然不以为意。

4·030 择池纳凉，不若先除热恼。执鞭求富（为了求得富贵，宁愿去做给人执鞭的下等差事），何如急遣（排遣）穷愁。

4·031 万壑疏风清两耳，闻世语，急须敲玉磬三声（唐五代李建勋，遇客人谈到猥俗之事，便敲磬洗耳）。九天凉月净初心，诵真经，胜似撞金钟百下。

4·032 无事而忧，对景不乐，即自家亦不知是何缘故，这便是一座活地狱，更说甚么铜床铁柱，剑树刀山（比喻痛苦的磨难）也。

4·033 烦恼之场，何种不有，以法眼（佛教语，为五眼之一）照之，奚啻（xī chì，岂止）蝎蹈空花（蝎子在虚幻的花上爬动，比喻虚幻、不真实而没有意义的事）。

4·034 上高山，入深林，穷回溪，幽泉怪石，无远不到。到则拂草（分开杂草）而坐，倾壶而醉，醉则更相枕藉以卧，意亦甚适，梦亦同趣（同"趋"，去）。

4·035 闭门阅佛书，开门接佳客，出门寻山水，此人生三乐。

4·036 客散门扃（jiōng，关门），风微日落，碧月皎皎当空，花阴徐徐满地。近檐鸟宿，远寺钟鸣，茶铛（煮茶用的釜）初熟，酒瓮乍开。不成（如果还写不出）八韵新诗，毕竟一个俗气。

4·037 不作风波于世上，自无冰炭（代指相反的两种事物）到胸中。

4·038 秋月当天，纤云都净，露坐空阔去处，清光冷浸，此身如在水晶宫里，令人心胆澄澈。

4·039 遗子黄金满籯（yíng，箱笼一类盛东西的竹器），不如教子一经（儒家经典）。

4·040 凡醉各有所宜。醉花宜昼，袭其光也；醉雪宜夜，清其思也。醉得意宜唱，宜其和（和畅）也；醉将离宜击钵，壮其神也。醉文人宜谨节奏（有节制），畏其侮也；醉俊人（豪杰）宜益觥盂（增加杯盏、酒具，指多饮几杯）加旗帜，助其烈也。醉楼宜暑，资（增加）其清（清爽）也；醉水（在水边醉）宜秋，泛（发挥）其爽也。此皆审（详查）其宜，考（考虑）其景，反此则失饮（失去饮酒的乐趣）矣。

4·041 竹风一阵，飘扬茶灶疏烟。梅月半湾（寒梅绽放，月照半湾），掩映书窗残雪。

4·042 厨冷分山翠，楼空入水烟。

4·043 闲疏滞叶通邻水，拟典荒居（打算典押自己的房子）作小山（刊印诗文著作。小山：一种辞赋）。

4·044 聪明而修洁，上帝（上天）固录（录用）清虚（清虚府或清虚宫，即月宫）。文墨（擅长行诗作文）而贪残，冥官不受词赋。

4·045 破除烦恼，二更山寺木鱼声。见彻性灵，一点云堂（禅宗僧侣们坐禅修行之所）优钵（梵语音译，指青莲花）影。

4·046 兴来醉倒落花前，天地即为衾枕。机息（平息机心）坐忘磐石上，古今尽属蜉蝣。

4·047 老树着花，更觉生机郁勃。秋禽弄舌，转令幽兴（幽远高雅的兴致）潇疏（寥落、凄凉）。

4·048 完得心上之本来，方可言了心（了悟）。尽得世间之常道，才堪论出世。

4·049 雪后寻梅，霜前访菊，雨际护兰，风外听竹。固野客之闲情，实文人之深趣。

4·050 结一草堂，南洞庭月，北峨眉雪，东泰岱松，西潇湘竹，中具（放置）晋高僧支法八尺沉香床（晋代高僧支法度的沉香床），浴罢温泉，投床（倒在床上）鼾睡，以此避暑，讵不乐也？

4·051 人有一字不识，而多诗意；一偈（jì，梵语“颂”，即佛经中的唱词）不参，而多禅意；一勺不濡（沾湿。此指饮酒），而多酒意；一石不晓，而多画意，淡宕故也。

4·052 以看世人青白眼，转而看书，则圣贤之真见识。以议论人雌黄口，转而论史，则左狐（即左丘明、董狐，二人均以秉笔直书著称）之真是非。

4·053 事到全美处，怨我者不能开指摘之端。行到至污处，爱我者不能施掩护之法。

4·054 必出世者，方能入世，不则世缘易堕。必入世者，方能出世，不则空趣（清虚的意境）难持。

4·055 调性（调整个性）之法，急则佩韦，缓则佩弦（性急佩韦，性缓佩弦，以随时警戒自己的不足。韦：皮质的绳子）。谐情（调节情趣）之法，水则从舟，陆则从车。

4·056 才人之行多放，当以正敛之。正人之行多板（死板），当以趣（乐趣）通之。

4·057 人有不及，可以情恕；非义相干（冒犯），可以理遣。佩（带着）此两言，足以游世。

4·058 冬起欲迟，夏起欲早。春睡欲足，午睡欲少。

4·059 无事当学白乐天（白居易）之嗒然（指物我两忘的心境），有客宜仿李建勋之击磬（闻秽语俗言而洗耳）。

4·060 郊居，诛茅（清除茅草）结屋，云霞栖梁栋之间，竹树在汀洲（水中小洲）之外，与二三之同调（志趣一致的人），望衡对宇（形容住处临近，门厅相对），联接巷陌，风天雪夜，买酒相呼，此时觉曲生（即酒）气味，十倍市（在市集上）饮。

4·061 万事皆易满足，惟读书终身无尽。人何不以不知足一念加之书，又云：读书如服药，药多力自行（自然见效）。

4·062 醉后辄作草书十数行，便觉酒气拂拂，从十指出也。

4·063 书引藤为架，人将薜（bì，薜荔，一种植物）作衣。

4·064 从江干溪畔，箕踞石上，听水声，浩浩潺潺，粼粼冷冷，恰似一部天然之乐韵，疑有湘灵（湘水之神）在水中鼓瑟也。

4·065 鸿（大水）中叠石，未论高下，但有木阴（树荫）水气，便自超绝。

4·066 段由夫（魏晋南北朝时期的著名琴师）携瑟，就松风涧响之间曰：“三者皆自然之声，正合类聚。”

4·067 高卧闲窗，绿阴清昼，天地何其寥廓也。

4·068 少学琴书，偶爱清净，开卷有得，便欣然忘食。见树木交映，时鸟变声（鸟鸣随着时节改变），亦复欢然有喜。常言五六月，卧北窗下，遇凉风暂至，自谓羲皇上人（隐逸之人）。

4·069 空山听雨，是人生如意事。听雨必于空山破寺中，寒雨围炉，可以烧败叶（落叶），烹鲜笋。

4·070 鸟啼花落，欣然有会于心。遣小奴，挈（qiè，拿着）瘿樽（有瘿瘤的木雕酒杯。瘿：yǐng），酤（买酒）白酒，釂（jiào，饮尽杯中酒）一梨花瓷盏。急取诗卷，快读一过以咽之（下酒），萧然不知其在尘埃间也。

4·071 闭门即是深山，读书随处净土。

4·072 千岩竞秀，万壑争流，草木蒙笼其上，若云兴霞蔚。

4·073 从山阴道上行，山川自相映发，使人应接不暇。若秋冬之际，尤难为怀。

4·074 欲见圣人气象，须于自己胸中洁净时观之。

4·075 执笔惟凭于手熟，为文每事于口占（作诗文不起草稿，随口而作）。

4·076 箕踞于斑竹林中，徒倚于青石几上。所有道笈梵书（道家和佛家的经书），或校雠（校勘。雠：chóu，错误）四五字，或参讽（参悟评议）一两章。茶不甚精，壶亦不燥；香不甚良，灰亦不死。短琴无曲而有弦，长讴无腔而有音。激气发于林樾(林间空地)，好风逆之水涯(吹拂水面)，若非羲皇以上，定亦嵇阮(嵇康、阮籍)之间。

4·077 闻人善则疑之，闻人恶则信之，此满腔杀机也。

4·078 士君子尽心利济(救济)，使海内少他不得，则天亦自然少他不得，即此便是立命。

4·079 读书不独变气质，且能养精神，盖理义收摄(管束)故也。

4·080 周旋人事后，当诵一部《清净经》。吊丧问疾后，当念一通《扯淡歌》(传说中刘伯温所作，感叹生死无常，劝人修仙学道)。

4·081 卧石不嫌于斜，立石不嫌于细，倚石不嫌于薄，盆石不嫌于巧，山石不嫌于拙。

4·082 雨过生凉境闲情适，邻家笛韵，与晴云断雨逐，听之声声入肺肠。

4·083 不惜费(不珍惜钱)，必至于空乏而求人。不受享(不知道享受)，无怪乎守财而遗诮(留下让人讥诮的话柄)。

4·084 园亭若无一段山林景况，只以壮丽相炫，便觉俗气扑人。

4·085 餐霞吸露，聊(姑且)驻红颜(青春)。弄月嘲风，闲销(打发时间)白日。

4·086 清之品有五：睹标致，发厌俗之心，见精洁，动出尘之想，名曰清兴(清高的兴趣)。知蓄书史，能亲笔砚，布景物有趣，种花木有方，名曰清致。纸裹中窥钱(指数钱)，瓦瓶中藏粟，困顿于荒野，摈弃乎血属(亲人)，名曰清苦。指幽僻之耽，夸以为高，好言动之异(说话行动怪异)，标以为放(豪放)，名曰清狂。博极今古，适情泉石，文韵带烟霞，行事绝尘俗，名曰清奇。

4·087 对棋不若观棋，观棋不若弹瑟，弹瑟不若听琴。古云："但识琴中趣，何劳弦上音。"斯言信然。

4·088 奕秋(古代善于下围棋的人)往矣，伯牙往矣，千百世之下，止存遗谱，似不能尽有益于人。唯诗文字画，足为传世之珍，垂名不朽。总之身后名，不若生前酒耳。

4·089 君子虽不过信人，君子断(一定)不过疑人。

4·090 人只把不如我者较量，则自知足。

4·091 折胶(胶被冻住，很容易折断)铄石(高温可以融化石头)，虽累变于岁时，热恼清凉，原只在于心境。所以佛国都无寒暑，仙都长似三春。

4·092 鸟栖高枝，弹射难加。鱼潜深渊，网钓不及。士隐岩穴，祸患焉至？

4·093 于射而得揖让(揖让的礼仪)，于棋而得征诛(征战讨伐之道)，于忙而得伊周(伊尹和周公)，于闲而得巢许(隐士巢父和许由)，于醉而得瞿昙(佛教的戒律)，于病而得老庄，于饮食衣服、出作入息(在单纯简朴的日常生活中)而得孔子。

4·094 前人云："昼短苦夜长，何不秉烛游？"不当草草看过。

4·095 优人(戏剧演员)代古人语，代古人笑，代古人愤，今文人为文似之。优人登台肖古人，下台还优人，今文人为文又似之。假令古人见今文人，当何如愤，何如笑，何如语？

4·096 看书只要理路通透，不可拘泥旧说，更不可附会新说。

4·097 简傲不可谓高，谄谀不可谓谦，刻薄不可谓严明，阘茸(tà róng，指庸俗低劣)不可谓宽大。

4·098 作诗能把眼前光景，胸中情趣，一笔写出，便是作手(能手)，不必说唐说宋。

4·099 少年休笑老年颠，及到老时颠一般，只怕不到颠时老，老年何暇笑少年。

4·100 饥寒困苦福将至已，饱饫(饱食。饫：yù)宴游祸将生焉。

4·101 打透生死关，生来也罢，死来也罢。参破名利场，得了也好，失了也好。

4·102 混迹尘中，高视物外。陶情杯酒，寄兴篇咏。藏名一时，尚友千古(以千载以前的古人为友)。

4·103 痴矣狂客(放荡不羁之人)，酷好宾朋。贤哉细君(指妻子)，无违夫子。醉人盈座，簪裾（zān jū，古代显贵者的服饰，借指显贵）半尽。酒家食客满堂，瓶瓮不离米肆。灯烛荧荧，且耽夜酌。爨（cuàn，炉灶）烟寂寂，安问晨炊？生来不解攒眉，老去弥堪鼓腹（吃饱肚子，悠闲快乐）。

4·104 皮囊速坏，神识常存，杀万命以养皮囊，罪卒归于神识。佛性无边，经书有限，穷万卷以求佛性，得不属于经书。

4·105 人胜我无害，彼无蓄怨之心。我胜人非福，恐有不测之祸。

4·106 书屋前，列曲槛（曲折的栏杆）栽花，凿方池浸月（月亮倒映池中），引活水养鱼。小窗下，焚清香读书，设净几鼓琴，卷疏帘看鹤，登高楼饮酒。

4·107 人人爱睡，知其味者甚鲜。睡则双眼一合，百事俱忘，肢体皆适，尘劳（指世俗事务的烦恼）尽消，即黄粱南柯，特余事已耳。静修（元代思想家刘因）诗云："书外论文睡最贤。"旨（美好）哉言也。

4·108 过分求福，适以速祸。安分远祸，将自得福。

4·109 倚势而凌人者，势败而人凌（遭到别人的凌辱）。恃财而侮人者，财散而人侮。此循环之道。

4·110 我争者，人必争，虽极力争之，未必得。我让者，人必让，虽极力让之，未必失。

4·111 贫不能享客，而好结客（结交宾客）。老不能徇世（顺应世俗），而好维世（维持世事的原状）。穷不能买书，而好读奇书。

4·112 沧海日，赤城霞，峨眉雪，巫峡云，洞庭月，潇湘雨，彭蠡烟，广陵涛，庐山瀑布，合宇宙奇观，绘吾斋壁。少陵（杜甫）诗，摩诘（王维）画，左传文，马迁史（司马迁《史记》），薛涛笺，右军帖（王羲之的字帖），南华经（《庄子》），相如赋（司马相如的赋），屈子离骚，收古今绝艺，置我山窗。

4·113 偶饭淮阴（韩信落魄漂舟赠饭），定万古英雄之眼（具有辨别万年一遇的英雄的眼光）。醉题便殿（李白为唐明皇撰写诏书文诰），生千秋风雅之光。

4·114 清闲无事，坐卧随心，虽粗衣淡食，自有一段真趣。纷扰不宁，忧患缠身，虽锦衣厚味（美味），只觉万状愁苦。

4·115 我如为善，虽一介寒士，有人服其德。我如为恶，虽位极人臣，有人议其过。

4·116 读理义书，学法帖字；澄心静坐，益友清谈；小酌半醺，浇花种竹；听琴玩鹤，焚香煮茶；泛舟观山，寓意弈棋。虽有他乐，吾不易矣。

4·117 成名每在穷苦日，败事多因得志时。

4·118 宠辱不惊，肝木（肝属木）自宁。动静以敬，心火自定。饮食有节，脾土不泄。调息寡言，肺金（肺属金）自全。怡神寡欲，肾水自足。

4·119 让利精于取利，逃名巧于邀名。

4·120 彩笔描空（天空），笔不落色，而空亦不受染。利刀割水，刀不损锷（刀刃），而水亦不留痕。

4·121 唾面自干（形容受了侮辱极力容忍，不加反抗），娄师德不失为雅量。睚眦必报（心胸极狭窄。睚眦：瞪眼睛），郭象玄（郭汜，汉末董卓部将，与李傕因为小事自相残杀）未免为祸胎。

4·122 天下可爱的人，都是可怜人。天下可恶的人，都是可惜人。

4·123 事业文章，随身销毁，而精神万古如新。功名富贵，逐世转移，而气节千载一日。

4·124 读书到快目处，起一切沉沦（指不再看重其他事物）之色。说话到洞心处，破一切暧昧之私。

4·125 谐臣媚子，极天下聪颖之人。秉正嫉邪，作世间忠直之气。

4·126 隐逸林中无荣辱，道义路上无炎凉。

4·127 名心未化（消除），对妻孥亦自矜庄。隐衷（心中的隐秘想法）释然，即梦寐会成清楚。

4·128 闻谤而怒者，谗之囮（é，捕鸟人用来引诱同类鸟的活鸟，引申为诱惑物）。见誉而喜者，佞（善辩）之媒。

4·129 摊烛作画（夜晚摆上灯烛作画），正如隔帘看月，隔水看花，意在远近之间，亦文章法也。

4・130 藏锦于心，藏绣于口。藏珠玉于咳唾（珠玉珍奇般的语句藏于吟咏之间），藏珍奇于笔墨。得时则藏于册府（国家编纂、收藏史书的地方。此指流传于世），不得则藏于名山。

4・131 读一篇轩快之书（晓畅轻快的文章），宛见山青水白。听几句透彻之语，如看岳立川行。

4・132 读书如竹外溪流，洒然而往。咏诗如萍末风起，勃焉而扬。

4・133 子弟（梨园子弟）排场，有举止而谢（谢绝）飞扬（放纵），难博缠头之锦（演员获得的酬劳和奖励）。主宾御席（入席），务廉隅（神情庄重、行为端庄）而少蕴藉（和谐融洽），终成泥塑（指没有生气和活力）之人。

4・134 取凉于箑（shà，扇子），不若清风之徐来。激水于槔（gāo，桔槔，一种装在井口上汲水的工具），不若甘雨之时降。

4・135 有快捷之才，而无所建用，势必乘愤激之处，一逞雄风。有纵横之论，而无所发明（指阐述、表明的机会），势必乘簧鼓（喻指搬弄是非）之场，一恣（放纵、无拘束）余力。

4・136 月榭（赏月的台榭）凭栏，飞凌（临空高飞）缥缈。云房（僧道或隐居者所住的房屋）启户，坐看氤氲。

4・137 发端无绪，归结还自支离。入门一差，进步终成恍惚。

4・138 李纳（唐代高句丽人，后归顺唐朝，被封为陇西郡王）性辨急，酷尚弈棋，每下子，安详极于宽缓。有时躁怒，家人辈则密（悄悄）以棋具陈于前，纳睹便欣然改容（改变表情），取子布算，都忘其恚（huì，恼怒）。

4・139 竹里登楼，远窥韵士，聆其谈名理于坐（座）上，而人我之相可忘。花间扫石，时候棋师，观其应危劫（围棋术语，争夺某一从属未定的棋眼。此指生活中的劫难，有一语双关之意）于枰间，而胜负之机早决。

4・140 六经为庖厨，百家为异馔，三坟（代指古书）为瑚琏（宗庙中的礼器），诸子为鼓吹（代指音乐），自奉（自己享用）得无（莫不是）大奢，请客未必能享。

4 • 141 说得一句好言，此怀庶几才好。揽了一分闲事，此身永不得闲。

4 • 142 古人特爱松风，庭院皆植松，每闻其响，欣然往其下，曰：“此可洗尽十年尘胃（指腹中尘俗之物）。”

4 • 143 凡名易居（承担、担当），只有清名难居。凡福易享，只有清福难享。

4 • 144 贺兰山外虚兮怨（空留守边将士和家人生离死别的幽怨），无定河边破镜愁（夫妻分离破镜难圆的愁怨）。

4 • 145 有书癖而无剪裁（此指对书籍的取舍），徒号书橱。惟名饮而少蕴藉，终非名饮。

4 • 146 飞泉数点雨非雨，空翠几重山又山。

4 • 147 夜者日之余，雨者月之余，冬者岁之余。当此三余，人事稍疏，正可一意问学。

4 • 148 树影横床，诗思平凌枕外（直上头脑）。云华满纸，字意隐跃行间。

4 • 149 耳目宽则天地窄，争务短（争夺名利的事物减少）则日月长。

4 • 150 秋老洞庭，霜清彭泽（鄱阳湖古称）。

4 • 151 听静夜之钟声，唤醒梦中之梦（指虚幻至极的幻境）。观澄潭之月影，窥见身外之身（指自己的内在精神）。

4 • 152 事有急之不白者，宽之或自明，毋躁急以速其忿。人有操之不从者，纵之或自化（自行归化、归顺），毋操切以益其顽。

4 • 153 士君子贫不能济物者，遇人痴迷处，出一言提醒之。遇人急难处，出一言解救之，亦是无量功德。

4 • 154 处父兄骨肉之变，宜从容，不宜激烈。遇朋友交游之失，宜剀切（恳切规劝。剀：kǎi，规劝），不宜优游（放任自流）。

4 • 155 问祖宗之德泽，吾身所享者，是当念其积累之难。问子孙之福祉，吾身所贻者，是要思其倾覆之易。

4 • 156 韶光（比喻青少年时期）去矣，叹眼前岁月无多，可惜年华如疾马(快马)。长啸归与(大声呼叫:“回去吧!”),知身外功名是假,好将姓字任呼牛(称我牛也好,称我马也好。毁誉随人,悉听尊便)。

4·157 意摹古,先存古,未敢反古。心持世,外厌世,未能离世。

4·158 苦恼世上,度(超度)不尽许多痴迷汉,人对之肠热,我对之心冷。嗜欲场中,唤不醒许多伶俐人,人对之心冷,我对之肠热。

4·159 自古及今,山之胜多妙于天成,每坏于人造。

4·160 画家之妙,皆在运笔之先,运思之际,一经点染,便减机神(神韵)。

4·161 长于笔者,文章即如言语。长于舌者,言语即成文章。昔人谓“丹青乃无言之诗,诗句乃有言之画”。余则欲丹青似诗,诗句无言,方许各臻(达到)妙境。

4·162 舞蝶游蜂,忙中之闲,闲中之忙。落花飞絮,景中之情,情中之景。

4·163 五夜鸡鸣,唤起窗前明月。一觉睡起,看破梦里当年(当年世俗的生活和欲望)。

4·164 想到非非想(思想的变幻莫测),茫然天际白云。明到无无明(放下心中的欲望和执着,就不会有烦恼),浑矣(浑似、仿佛)台中明月。

4·165 逃暑深林,南风逗树。脱帽露顶,沉李浮瓜(谓天热时把瓜果用冷水浸后食用。此指享用消暑果品)。火宅炎宫(指夏季酷暑天气),莲花忽迸(指脱离尘世,超凡脱俗)。较之陶潜卧北窗下,自称羲皇上人,此乐过半矣。

4·166 霜飞空而漫雾,雁照月而猜弦(拟人说法。大雁在月空翱翔,对着月亮揣度是上弦月还是下弦月)。

4·167 既锦华而稠彩(浓厚多彩),亦密照而疏明(密集或舒朗)。若春隰(xí,低湿的地方)之扬蘤(huā,“花”的古字),似秋汉(秋季天空中的银河)之含星。

4·168 景澄则岩岫(山上的岩石)开镜(此指反射阳光),风生则芳树流芬。

4·169 类君子之有道，入暗室而不欺（在别人看不见的地方，也不做亏心事，形容君子光明磊落）。同至人（指具有很高道德修养、超脱世俗、顺应自然而长寿之人）之无迹，怀明义以应时。

4·170 一翻一覆兮如掌（手掌翻动），一死一生兮如轮（车轮转动）。

卷五　集素

【导读】

“素”卷是全书中最直接体现作者心中理想的精神追求和思想境界的一卷。“素”字的本义是“没有染色的丝绸”，后来取其色，解为“白色，雪白”，引申为“质朴；不加装饰”。可以看出，这个字义的演化与扩展，既体现出了汉字字义的演变，更表现出了中国文人对自身品德修养的具象化要求。本卷中，有很多条目都是对文人简朴素雅的隐居生活的描述，衣食住行各方面都有所涉及。

“素”不仅是文人隐居生活的写照，更体现出了当时士人阶层的审美倾向与追求。“素”在中国古典美学中一直有着重要地位和价值。《周易·履卦》中有“初九，素履往，无咎”强调“素履”；《诗经·国风·扬之水》篇中提到“素衣朱衣暴”、“素衣朱绣”，即白色素丝衣服上外加一件红色的衣服或者绣上红色花纹，“素”与“朱”相互衬托为美；《论语》中也记载，孔子与学生讨论《诗经》，学生子夏问：“巧笑倩兮，美目盼兮，何谓也？”孔子曰：“绘事后素（先有白色底子，然后绘画。比喻有良好的质地，才能进行锦上添花的加工）。”可见中国美学极为推崇“素”之美。而对乱世中的士人阶层来

说，保持“素”的追求，既是低调而避祸的需要，更是坚守个人品质和操守的需要。

生活在乱世中的人，既要“苟全性命于乱世”，又要保持内心的平和素净，隐居山林就成了许多文人或主动或被动的选择。因此，“素”卷中，最多的内容就是文人雅士的林泉生活，隐居之情、趣、味：写字、作画、写诗、赏月、鼓琴、修禅……都围绕着一个“素”字展开。

袁石公（明代著名文学家袁宏道）云：“长安风雪夜，古庙冷铺中，乞儿丐僧，齁齁（hōu，鼻息声。此指打鼾声）如雷吼，而白髭（zī，嘴上边的胡子）老贵人，拥锦下帷（放下帷帐），求一合眼不得。呜呼！松间明月，槛外青山，未尝拒人，而人人自拒者何哉？”集素（质朴无饰）第五。

5·001 田园有真乐，不潇洒终为忙人。诵读有真趣，不玩味终为鄙夫。山水有真赏，不领会终为漫游。吟咏有真得，不解脱终为套语。

5·002 居处寄吾生，但得其地，不在高广。衣服被（pī，穿在身上或披在身上）吾体，但顺其时，不在纨绮。饮食充吾腹，但适其可，不在膏粱（食物肥美）。宴乐修吾好，但致其诚（只要表达了诚意），不在浮靡。

5·003 披卷（看书）有余闲，留客坐残良夜月（坐到深夜月明之时）。褰（qiān，掀起）帷无别务（事物），呼童耕破远山云（耕破远山的白云，指去远山漫游）。

5·004 琴觞（酒杯，泛指酒具）自对，鹿豕为群。任彼（那）世态之炎凉，从他人情之反复。

5·005 家居苦事物之扰，惟田舍园亭，别是一番活计（生活的状态）。焚香煮茗，把酒吟诗，不许胸中生冰炭。客寓多风雨之怀，独禅林道院，转添几种生机。染翰挥毫，翻经问偈（jì，翻阅佛经，探究其中的偈语），肯教眼底逐风尘。

5·006 茅斋独坐茶频煮，七碗后气爽神清。竹榻斜眠书漫抛，一枕余心闲梦稳。

5·007 带雨有时种竹，关门无事锄花。拈笔闲删旧句，汲泉（打来泉水)几试新茶。

5·008 余尝净一室,置一几,陈(放置)几种快意书,放一本旧法帖。古鼎焚香,素麈(zhǔ,拂尘)挥尘,意思(精神)小倦,暂休竹榻。饷时(一会儿)而起,则啜苦茗,信手写汉书几行,随意观古画数幅。心目间,觉洒洒灵空(洒脱空灵),面上俗尘,当亦扑去三寸。

5·009 但看花开落,不言人是非。

5·010 莫恋浮名,梦幻泡影有限。且寻乐事,风花雪月无穷。

5·011 白云在天,明月在地。焚香煮茗,阅偈翻经(翻阅佛经,阅读偈语)。俗念都捐(抛弃),尘心顿洗。

5·012 暑中尝默坐,澄心(静心)闭目,作水观(佛教的一种修行入定之术)久之,觉肌发洒洒(寒冷),几阁(即橱架)间似有爽气。

5·013 胸中只摆脱一恋字,便十分爽净,十分自在。人生最苦处,只是此心沾泥带水,明是知得,不能割断耳。

5·014 无事以当贵,早寝以当富,安步以当车,晚食以当肉。此巧于处贫(巧于生活在贫困中)矣。

5·015 三月茶笋(茶树的新芽)初肥,梅花未困(尚未败落)。九月莼鲈正美,秫酒(用秫酿成的酒。秫:shú,黏高粱,可以做烧酒)新香。胜友(有名望、高雅的客人)晴窗,出古人法书名画,焚香评赏,无过此时。

5·016 高枕丘(城镇、村落)中,逃名世外,耕稼以输王税(缴纳国税),采樵以奉亲颜(供养家人)。新谷既升(收获谷物),田家大洽(和睦快乐),肥羜(zhù,指出生五个月的小羊)烹以享神,枯鱼燔(烧烤干鱼。燔:fán,焚烧)而召友。蓑笠在户,桔槔空悬,浊酒相命(行酒令),击缶长歌,野人之乐足矣。

5·017 为市井草莽之臣(生活在民间没有做官的人),早输国课(早点缴纳国家的税收)。作泉石烟霞之主,日远俗情。

5·018 覆雨翻云何险也,论人情,只合杜门(闭门不与外界交往)。吟风弄月忽颓然,全天真,且须对酒。

5·019 春初玉树(白雪覆盖的梅花树)参差,冰花错落,琼台倚望(依靠着华丽的楼台远望)，恍坐玄圃罗浮(仿佛坐在高山顶上的神仙居处一般)。若非黄昏月下，携琴吟赏，杯酒留连，则暗香浮动疏影横斜之趣，何能有实际(实在的体验)？

5·020 性不堪虚(本性不能忍受静虚)，天渊亦受鸢(老鹰)鱼之扰。心能会境(与环境相合)，风尘(世俗纷扰)还结烟霞之娱。

5·021 身外有身(佛教语，指由正身变化产生出来的分身)，捉麈尾矢口闲谈(不假思索开口说话、随口说)，真如画饼。窍中有窍(要害中的要害，关键中的关键)，向蒲团回心(改变心意)究竟，方是力田(勤勉耕耘)。

5·022 山中有三乐。薜荔可衣(隐士高人的衣服)，不羡绣裳。蕨薇(野菜)可食，不贪粱肉。箕踞散发，可以逍遥。

5·023 终南当户，鸡峰如碧笋左簇(堆积)，退食(回家吃饭)时秀色纷纷堕盘(指随着夕阳落下而消失)，山泉绕窗入厨，孤枕梦回，惊闻雨声也。

5·024 世上有一种痴人，所食闲茶冷饭，何名(怎么能称为)高致(高雅的情致)？

5·025 桑林麦陇，高下竞秀，风摇碧浪层层，雨过绿云绕绕。雉雊(zhì gòu，野鸡鸣叫)春阳，鸠呼朝雨(斑鸠在清晨的雨中呼唤)，竹篱茅舍，间以红桃白李，燕紫莺黄，寓目(看见)色相(佛教语，指万物的形貌)，自多村家闲逸之想，令人便忘艳俗。

5·026 云生满谷，月照长空，洗足收衣，正是宴(快乐)安(安逸)时节。

5·027 眉公(陈继儒)居山中，有客问山中何景最奇，曰："雨后露前，花朝(百花盛开的清晨)雪夜。"又问何事最奇，曰："钓因鹤守(垂钓的时候有仙鹤陪伴)，果遣猿收(水果熟了派遣猿猴去收)。"

5·028 古今我爱陶元亮(东晋诗人陶渊明)，乡里人称马少游(汉朝将军马援的从弟)。

5·029 嗜酒好睡，往往闭门。俯仰进趋(进退)，随意所在。

5·030 霜水澄定（秋天的江水澄澈平静），凡悬崖峭壁，古木垂萝，与片云纤月，一山映在波中，策杖临之，心境俱清绝。

5·031 亲不抬饭（提高招待客人的饭菜标准），虽大宾不宰牲（即使贵客来临也不宰杀牲口），匪直（不只）戒奢侈而可久，亦将免烦劳以安身。

5·032 饥生阳火（道家修炼用语，指人体中纯阳刚劲的内火）炼阴精（道家修炼用语，肾阴中的精气），食饱伤神气不升。

5·033 心苟（如果）无事，则息自调。念苟无欲，则中（内心）自守。

5·034 文章之妙，语快（爽快）令人舞，语悲令人泣，语幽（深远）令人冷（冷峻），语怜令人惜，语险令人危，语慎令人密，语怒令人按剑（防备），语激令人投笔（即"投笔从戎"），语高令人入云（心神高远），语低令人下石（心气低沉）。

5·035 溪响松声，清听（清越入耳）自远（自然传播很远）。竹冠兰佩（道士的服饰），物色（外形样貌）俱闲。

5·036 鄙吝（吝啬的念头）一销，白云亦可赠客。渣滓（心中的杂质、糟粕）尽化，明月自来照人。

5·037 存心有意无意之间，微云淡河汉（天上的银河）。应世（应付世事）不即不离之法（采取既不亲近又不疏远的态度），疏雨滴梧桐（"微云淡河汉，疏雨滴梧桐"是唐代诗人孟浩然的诗句）。

5·038 肝胆相照，欲与天下共分秋月。意气相许，欲与天下共坐春风（比喻同品德高尚且有学识的人相处并彼此受到熏陶）。

5·039 堂中设木榻四，素屏二，古琴一张，儒道佛书各数卷。乐天（白居易）既来为主（当主人），仰观山，俯听泉，傍（同"旁"）睨（nì，斜着眼睛看）竹树云石，自辰及酉（从早晨到黄昏），应接不暇。俄而物诱气和（外界景物让人心气相随），外适内舒，一宿（第一宿）体宁，再宿心恬，三宿后，颓然嗒然（舒坦自在而不能约束自己的样子），不知其然而然。

5·040 偶坐蒲团，纸窗上月光渐满，树影参差，所见非空非色（佛教语，"色"指事物的形体，"空"指事物不可见的本性。"非空非色"指两者相合相通的境界）。此时虽名衲敲门，山童且（暂且）勿报也。

5·041 会心（领悟、领会，神意相得）处不必在远，翳（yì，障蔽、遮蔽）然林水（树林和溪水），便自有濠濮（濠水和濮水）闲想（情怀），不觉鸟兽禽鱼，自来亲人（主动过来亲近人类）。

5·042 茶欲白（茶水要白色的好），墨欲黑。茶欲重，墨欲轻。茶欲新，墨欲陈。

5·043 馥（香气散发）喷五木之香（指五木香，一种香料），色冷（色彩冷艳）冰蚕之锦（用传说中冰蚕的丝织成的锦）。

5·044 筑凤台（传说中萧史和弄玉升仙之地）以思避，构仙阁而入圆（升天成仙）。

5·045 客过（拜访）草堂（指陈继儒隐居的婉娈草堂）问："何感慨而甘栖遁（隐居）？"余倦于对，但拈（摘引）古句答曰："得闲多事外，知足少年中。"问："是何功课（每天做什么事）？"曰："种花春扫雪，看箓（lù，道教书籍，预言吉凶得失）夜焚香。"问："是何利养（养身）？"曰："砚田（指写诗作文）无恶岁（收成不好），酒国有长春。"问："是何还往（来往）？"曰："有客来相访，通名是伏羲。"

5·046 山居胜于城市，盖有八德：不责（要求）苛（繁琐）礼，不见生客，不混酒肉，不竞田产，不闻炎凉，不闹曲直，不征文逋（无人催逼写文章。逋：bū，拖欠），不谈士籍（官吏的名籍）。

5·047 采茶欲精，藏茶欲燥，烹茶欲洁。

5·048 茶见日（被日光晒过）而味夺（丧失味道），墨见日而色灰。

5·049 磨墨如病儿，把笔如壮夫。

5·050 园中不能办（置办）奇花异石，惟一片树阴，半庭（庭院）藓迹，差可（尚可、勉强可以）会心忘形（有所领悟、不拘形迹）。友来或促膝剧论（畅谈），或鼓掌欢笑，或彼（他）谈我听，或彼默我喧，而宾主两忘。

5·051 尘缘割断，烦恼从何处安身。世虑（世俗的思虑）潜消（暗中消除），清虚向此中立脚。

5·052 檐前绿蕉，黄葵（即黄秋葵，一种中药），老少叶（即老少年，一种花名），鸡冠花，布满阶砌（台阶），移榻对之，或枕石（枕着石头，喻指隐居山林）高眠，或捉麈清话，门外车马之尘滚滚，了不相关。

5·053 夜寒坐小室中，拥炉闲话，渴则敲冰煮茗，饥则拨火煨芋（烤山芋）。

5·054 阿衡（商代官名。这里专指商代著名政治家伊尹）五就（伊尹曾经五次被商汤送去夏，商汤希望夏桀能任用伊尹而行仁政。可是夏桀五次都让伊尹回商不用），那（哪）如莘野躬耕（伊尹曾经在莘国的原野耕种）。诸葛七擒（用诸葛亮七擒孟获之典），争（怎么）似南阳抱膝（诸葛亮出山前曾在南阳耕种，常常抱膝长啸，自由抒发心中情感）。

5·055 饭后黑甜（酣睡），日中薄醉（微醉），别是洞天。茶铛酒臼（酒坛），经案绳床（即交椅），寻常福地。

5·056 翠竹碧梧，高僧对弈。苍苔红叶，童子煎茶。

5·057 久坐神疲，焚香仰卧，偶得佳句，即令毛颖君（毛笔的别称）就枕（靠着枕头）掌记，不则展转（同"辗转"。此指翻身）失去。

5·058 和雪嚼梅花，羡道人之铁脚（铁脚道人赤脚在雪中行走，嚼梅花满口，和雪咽之，令人羡慕）。烧丹染香履（唐代诗人白居易在庐山草堂炼丹修仙时，曾制作了一种草鞋叫飞云履，鞋上染以香料），称先生之醉吟（白居易晚号为醉吟先生）。

5·059 灯下玩（玩赏）花，帘内看月，雨后观景，醉里题诗，梦中闻书声，皆有别趣。

5·060 王思远（南齐时琅琊人）扫客坐留，不若（不如）杜门（关门谢客）。孙仲益（南宋大臣孙觌）浮白俗谈（宁愿被罚酒一大杯也要说庸俗之语），足当洗耳（听者应当洗耳清除污秽）。

5·061 铁笛吹残（吹奏完毕），长啸数声，空山答响（回响）。胡麻饭（撒着芝麻的饭）罢，高眠一觉，茂树屯（聚集）阴。

5·062 编茅为屋，叠（堆积）石为阶，何处风尘可到？据（靠着）梧而吟，烹茶而语，此中幽兴（幽雅的兴味）偏长。

5·063 皂囊（黑色的布袋，代指密奏）白简（弹劾官员的奏章），被人描尽半生。黄帽青鞋（粗劣简单的衣着），任我逍遥一世。

5·064 清闲之人不可惰其四肢，又须以闲人做闲事：临古人帖，温昔年书，拂几微尘，洗砚宿墨（砚台中隔夜之墨），灌园中花，扫林中叶。觉体稍倦，放身匡床（舒适的床）上，暂息半晌可也。

5·065 待客当洁不当侈，无论不能继（能不能继续、维持），亦非所以惜福。

5·066 葆真（保持纯真的本性）莫如少思，寡过莫如省事。善应（善于应对）莫如收心（收摄散漫放纵的心思），解谬莫如澹志。

5·067 世味（对功名的追求）浓，不求忙而忙自至。世味淡，不偷闲而闲自来。

5·068 盘餐一菜，永绝腥膻，饭僧宴客，何烦六甲行厨（动用烟火做饭）。茆屋（即茅屋）三楹（三间），仅蔽风雨，扫地焚香，安用数童缚帚。

5·069 以俭胜贫，贫忘。以施代侈，侈化。以省去累，累消。以逆炼心（用身处逆境去磨练心志），心定。

5·070 净几明窗，一轴画，一囊琴，一只鹤，一瓯（茶杯）茶，一炉香，一部法帖。小园幽径，几丛花，几群鸟，几区亭（几处亭台），几拳（以"拳"字作量词，形容石之小）石，几池水，几片闲云。

5·071 花前无烛，松叶堪（可以）燃。石畔欲眠，琴囊可枕。

5·072 流年不复记，但见花开为春，花落为秋。终岁无所营，惟知日出而作，日入而息。

5·073 脱巾露项，斑文竹箨之冠（戴上竹笋皮制作的道士帽）。倚枕焚香，半臂华山之服（穿着半袖的华山道士服）。

5·074 谷雨前后，为和凝汤社（和凝：五代时词人。曾经和同僚相约每日轮流带茶共同品尝，谁带来的茶味道不好谁就要受罚，称为"汤社"），双井白茅（宋时名茶名），湖州紫笋（宋时名茶名），扫臼（捣茶叶的石臼）涤铛，征泉（汲取名泉之水）选火（选择上好燃料）。以王濛（东晋时期人）为品司（品茶会的主持者），卢仝（唐代诗人）为执权（在茶会上掌秤锤者），李赞皇（即李德裕，唐代赵州赞皇人）为博士（指茶博士，旧时茶店伙计的雅号），陆鸿渐（即陆羽，唐代竟陵人）为都统（武职官名。此指茶会的统筹者）。聊（姑且)消渴吻(解渴),敢讳水淫(指"水厄",后亦指嗜茶),差取婴汤(茶水刚刚煮沸时的嫩汤),以供茗战(斗茶)。

5·075 窗前落月,户外垂萝,石畔草根,桥头树影,可立可卧,可坐可吟。

5·076 亵狎(轻慢、不庄重)易契(接近,契合),日(一天天地)流于放荡。庄厉(庄重、严厉)难亲,日进于规矩。

5·077 甜苦备尝好丢手,世味(世事滋味)浑(全)如嚼蜡。生死事大急回头,年光疾(快)于跳丸(弹丸跳动,比喻时光转瞬即逝)。

5·078 若富贵,由我力取,则造物(造物主)无权。若毁誉,随人脚跟(指人云亦云),则谗夫(诬陷、馋毁他人的人)得志。

5·079 清事(清雅之事)不可着迹(留有痕迹),若衣冠必求奇古(奇特而古朴),器用必求精良,饮食必求异巧,此乃清中之浊,吾以为清事之一蠹。

5·080 吾之一身,常有少(少年)不同壮(壮年),壮不同老(老年)。吾之身后,焉有子能肖父,孙能肖祖?如此期(这样期望),必属妄想,所可尽者(做到最好的),惟留好样与儿孙而已。

5·081 若想钱而钱来,何故不想。若愁米而米至,人固当愁。晓起依旧贫穷,夜来徒多烦恼。

5·082 半窗一几,远兴闲思(高雅的兴致和遐想),天地何其寥阔也。清晨端(端坐)起,亭午(正午)高眠,胸襟何其洗涤也。

5·083 行(行为)合(合乎)道义,不卜(占卜)自吉(吉祥)。行悖(bèi,违逆、违背)道义,纵(纵使)卜亦凶。人当自卜,不必问卜。

5·084 奔走于权幸(指得到帝王宠爱而有权势的人)之门,自视不胜其荣,人窃(私下)以为辱。经营(谋划忙碌)于利名之场,操心不胜其苦,己反以为乐。

5·085 宇宙以来有治世法,有傲世法,有维世法,有出世法,有垂世法。唐虞垂衣(尧帝、舜帝无为治理天下),商周秉钺(象征权力的礼乐重器,代指以礼乐治国),是谓治世。巢父洗耳(相传巢父为上古时期的著名隐士，尧帝想要让位给他，他听闻之后，感觉受到了侮辱，就跑到河边洗耳），裘公瞠目（用披裘公贫而有志之典），是谓傲世。首阳轻周（伯夷、叔齐以身为周朝的子民为耻，拒绝吃周朝的粮食，最后饿死首阳山），桐江重汉（指东汉严子陵拒官隐居之事），是谓维世。青牛度关（用老子骑青牛西游出关之典），白鹤翔云（用丁令威化鹤之典），是谓出世。若乃鲁儒一人（即孔子），邹传七篇（指孟子及其著作《孟子》七篇），始谓垂世。

5·086 书室中修行法：心闲手懒，则观法帖（书法名家的范本），以其可逐字放置（看到任何一个字都可以放下）也。手闲心懒，则治迂事（做舒缓的事。迂：yū，迂缓），以其可作可止也。心手俱闲，则写字作诗文，以其可以兼济（兼顾、一举两得）也。心手俱懒，则坐睡，以其不强役（劳累）于神也。心不甚定，宜看诗及杂短故事，以其易于见意不滞于久也。心闲无事，宜看长篇文字，或经注（儒家经典和注解经典的书籍），或史传（历代史籍和解释史籍的书籍），或古人文集，此又甚宜于风雨之际及寒夜也。又曰："手冗心闲则思，心冗手闲则卧，心手俱闲，则著作书字，心手俱冗（忙），则思早毕（完结）其事，以宁吾神。"

5·087 片时清畅，即享片时。半景幽雅，即娱半景。不必更起姑待之心。

5·088 一室经行（佛教术语，指信徒们为了修养身心，在某一处来回徘徊），贤于九衢（纵横交叉的大道；繁华的街市。衢：qú，道路）奔走。六时（佛教将一天 24 小时划分为六时）礼佛，清于五夜朝天（五更入宫朝见皇上）。

5·089 会意不求多，数幅晴光摩诘画。知心能有几，百篇野趣少陵诗。

5·090 醇醪（厚味的美酒。醪：láo，浊酒）百斛（hú，古代容量单位，五斗或十斗为一斛），不如一味太和之汤（即沸水，白开水）。良药千包，不如一服清凉之散。

5·091 闲暇时，取古人快意文章，朗朗读之，则心神超逸，须眉开张。

5·092 修净土（佛教中的派别之一，净土宗）者，自净其心，方寸居然莲界（指佛地）。学禅坐者，达禅之理，大地尽作蒲团。

5・093 衡门（代指简陋的房屋）之下，有琴有书，载弹载咏，爰（yuán，于是）得我娱。岂无他好，乐是幽居。朝为灌园，夕偃蓬庐（晚上在我简陋的草庐里躺下休息。偃：yǎn，仰面躺下）。

5・094 因葺旧庐，疏渠引泉，周（在周围种植）以花木，日哦其间。故人过逢（来拜访），瀹（yuè，烹煮）茗弈棋，杯酒淋浪（酣饮），殆（大概，恐怕）非尘中物也。

5・095 逢人不说人间事，便是人间无事人。

5・096 闲居之趣，快活有五：不与交接，免拜送之礼，一也。终日可观书鼓琴，二也。睡起随意，无有拘碍，三也。不闻炎凉嚣杂，四也。能课子（教育孩子）耕读，五也。

5・097 虽无丝竹管弦之盛，一觞一咏（一边喝酒，一边咏诗。觞：shāng，古代酒具，代指喝酒），亦足以畅叙幽情（深远高雅的情思）。

5・098 独卧林泉（代指隐居之地），旷然自适，无利无营，少思寡欲，修身出世法也。

5・099 茅屋三间，木榻一枕，烧高香，啜苦茗，读数行书，懒倦便高卧松梧之下，或科头（指只扎着头发却不戴帽子）行吟。日常以苦茗代肉食，以松石代珍奇，以琴书代益友，以著述代功业，此亦乐事。

5・100 挟怀朴素（拥有质朴而无文饰的胸怀），不乐权荣（权力和名声）。栖迟（停留、行止）僻陋（偏远而风俗粗野之地），忽略利名。葆（同“保”）守恬淡，希时（时代、世间）安宁。晏然（安然闲适）闲居，时抚瑶琴。

5・101 人生自古七十少，前除幼年后除老。中间光景不多时，又有阴晴与烦恼。到了中秋月倍明，到了清明花更好。花前月下得（应该）高歌，急须漫把金樽（酒杯）倒。世上财多赚不尽，朝里官多做不了。官大钱多身转劳，落得自家头白早。请君细看眼前人，年年一分埋青草。草里多多少少坟，一年一半无人扫。

5・102 饥乃加餐，菜食美于珍味。倦然后睡，草蓐（草垫子）胜似重（两层）裀（yīn，垫子、褥子）。

5·103 流水相忘游鱼，游鱼相忘流水，即此便是天机。太空（指天空）不碍浮云，浮云不碍太空，何处别有佛性（佛教语，众生觉悟之性）？

5·104 丹山碧水（指武夷山）之乡，月涧云龛（指武夷山茶生长在云雾缭绕的高山石涧和岩石凹陷之处）之品，涤烦消渴，功（功效）诚（确实）不在芝术（灵芝和白术，泛指草药）下。

5·105 颇怀古人之风，愧无素屏（白色屏风）之赐，则青山白云（谓放浪形骸于青山白云间的旷达之士）何在？非我枕屏（枕前的屏风）。

5·106 江山风月，本无常（长久的）主，闲者便是主人。

5·107 入室许清风，对饮惟明月。

5·108 山房（指隐逸者的居处）置一钟，每于清晨良宵之下，用以节歌（为唱歌或诵经打节拍），令人朝夕清心，动（引动）念（念头）和平。李秃（明代思想家李贽）谓：“有杂想，一击（钟）遂忘。有愁思，一撞（钟）遂扫。”知音哉！

5·109 潭涧之间，清流注泻，千岩竞秀，万壑争流，却自胸无宿物（胸中没有郁积过夜的心思），漱清流（指隐逸生活），令人濯濯（明净清新的样子）清虚，日来非惟（不但）使人情开涤（心情开朗，得以荡涤），可谓一往有深情。

5·110 林泉之浒（hǔ，水边），风飘万点，清露晨流，新桐初引（梧桐的枝条刚刚发芽），萧然（潇洒；悠闲）无事，闲扫落花，足散（开阔）人怀。

5·111 浮云出岫（云从山中飘出），绝壁天悬，日月清朗，不无微云点缀。看云飞轩轩霞举（仪态轩昂、气概不凡），踞胡床（靠在交椅上）与友人咏谑（吟咏戏谑），不复滓秽（污染）太清（天空）。

5·112 山房之磬，虽非绿玉，沉明轻清之韵，尽可节清歌（为清雅的歌曲打节拍）洗俗耳（用李建勋洗耳之典）。

5·113 山居之乐，颇惬（惬意）冷趣，煨落叶为红炉，况负暄（晒太阳）于岩户（在山洞口）。土鼓（古乐器名）催梅，荻灰（芦苇的灰烬）暖地，虽潜凛（暗暗的寒冷）以萧索，见素柯（白雪挂在树枝上）之凌岁（辞旧迎新）。同云（下雪天的云）不流，舞雪如醉，野因旷而冷舒，山以静而不晦。枯鱼(鱼干)在悬(挂起来烧烤),浊酒已注,朋徒我从(跟从着朋友),寒盟(背弃或忘记盟约)可固,不惊岁暮于天涯(时值岁末,人在天涯,孤独思乡),即是挟纩(披着绵衣,比喻受人抚慰而感到温暖。纩:kuàng,古时指新丝棉絮)于孤屿。

5・114 步障(一种用来遮蔽风尘或视线,设立于路边的屏障)锦千层,氍毹(qú shū,毛织的地毯)紫万叠,何似(怎么比得上)编叶成帏,聚茵(指如茵的绿草)为褥?绿阴流影清入神,香气氤氲彻人骨,坐来天地一时宽,闲放风流(文采)晓清福。

5・115 送春而血泪满腮,悲秋而红颜惨目。

5・116 翠羽(绿色的羽毛。这里比喻嫩绿的树叶)欲流,碧云为飏(飘荡)。

5・117 郊中野坐,固可班荆(朋友相遇于途,铺荆坐地,畅叙幽情)。径里闲谈,最宜拂石。侵云烟而独冷,移开清啸胡床,藉草木以成幽,撤去庄严莲界。况乃枕琴夜奏,逸韵更扬。置局(棋局)午敲(对弈),清声(落棋之声)甚远。洵(同"恂",诚然、确实)幽栖之胜事,野客之虚位也。

5・118 饮酒不可认真,认真则大醉,大醉则神魂昏乱。在《书》为(在《尚书》上称作)沉湎,在《诗》为童羖(tóng gǔ,无角的公羊),在《礼》为豢豕(huàn shǐ,饲养牲畜),在史(指《晋书》)为狂药(指酒能乱性,使人狂乱)。何如但(只)取半酣,与风月为侣?

5・119 家鸳鸯湖(嘉兴南湖)滨,饶(很多)兼葭(芦苇)凫鹥(凫:fú,野鸭。鹥:yī,鸥鸟),水月(水月相映)澹荡(迂回缓流)之观。客啸渔歌,风帆烟艇,虚无出没,半落几上,呼野衲(游方僧人)而泛斜阳,无过(超过)此矣!

5・120 雨后卷帘看霁色,却疑苔影上花来。

5・121 月夜焚香,古桐(古琴)三弄(弹奏),便觉万虑都忘,妄想尽绝。试看香是何味,烟是何色,穿窗之白是何影,指下之余是何音,恬然乐之而悠然忘之者,是何趣,不可思量处,是何境?

5・122 贝叶(贝叶棕的叶子,常用来写佛经。后代指佛经)之歌无碍,

莲花之心(佛门清净之心)不染。

5·123 河边共指星为客,花里空瞻月是卿(这里是对朋友的称呼)。

5·124 人之交友,不出趣味两字,有以趣胜者,有以味胜者。然宁饶于味,而无饶于趣。

5·125 守恬淡以养道,处卑下以养德,去嗔怒以养性,薄滋味以养气。

5·126 吾本薄福人,宜行惜福事。吾本薄德人,宜行厚德事。

5·127 知天地皆逆旅(旅舍),不必更求顺境。视众生皆眷属,所以转成冤家。

5·128 只宜于着意处写意,不可向真景处点景。

5·129 只愁名字有人知,涧边幽草(此二句喻自甘寂寞)。若问清盟谁可托,沙上闲鸥(此二句谓与鸥鸟为友,比喻隐退)。

5·130 山童率草木之性(山童依循草木的性情),与鹤同眠。奚奴(奴仆)领(领会)歌咏之情,检韵(踩着韵律)而至。

5·131 闭户读书,绝胜入山修道。逢人说法,全输(根本比不上)兀坐(枯坐)扪心(抚胸反省)。

5·132 砚田登大有(丰收),虽千仓珠粟,不输(交纳)两税(夏税和秋税,代指国家的所有税收)之征,文锦(锦绣文章)运机杼(此指写诗作文的匠心),纵万轴龙文(即龙纹,喻指华丽的词藻和雄健的文笔),不犯九重之禁(朝廷的禁令)。

5·133 步明月于天衢(此喻指山上的小道),览锦云于江阁。

5·134 幽人清课(清雅的事情),讵(jù,难道,岂)但(只是)啜茗焚香。雅士高盟,不在题诗挥翰(挥毫)。

5·135 以养花之情自养,则风情(怀抱、意趣)日闲。以调鹤之性自调,则真性(天性、本性)自美。

5·136 热汤如沸(开水),茶不胜酒。幽韵(幽静的韵味)如云,酒不胜茶。茶类隐(隐士),酒类侠。酒固道广(喻指受到很多人的喜欢),茶亦德素(素雅淡薄)。

5·137 老去自觉万缘都尽，那管人是人非。春来倘有一事关心，只在花开花谢。

5·138 是非场里，出入逍遥；顺逆境中，纵横自在。竹密何妨水过，山高不碍云飞。

5·139 口中不设雌黄（指评论，议论），眉端不挂烦恼，可称烟火神仙。随意而栽花柳，适性以养禽鱼，此是山林（指隐居生活）经济（经世济民，指国家大事）。

5·140 午睡醒来，颓然（舒坦自在而不能约束自己的样子）自废，身世庶几浑忘。晚炊既收，寂然无营（无事可做），烟火（点明灯火）听其更举（打更之声响起）。

5·141 花开花落春不管，拂意事（不合心意、不如意的事情）休对人言。水暖水寒鱼自知，会心处还期独赏。

5·142 心地上无风涛（喻指心中的愤恨之情），随在皆青山绿水。性天（即天性，人自然的本性）中有化育（教化），触处（到处、随处）见鱼跃鸢飞。

5·143 宠辱不惊，闲看庭前花开花落。去留无意，漫随天外云卷云舒。

5·144 斗室中万虑都捐，说甚画栋飞云，珠帘卷雨。三杯后一真自得，谁知素弦横月，短笛吟风。

5·145 得趣不在多，盆池拳石间，烟霞俱足。会景不在远，蓬窗竹屋下，风月自赊（深长，悠远）。

5·146 会（领会）得个中趣，五湖之烟月（泛指美景）尽入寸衷（心中）。破得眼前机（事物的关键、枢纽），千古之英雄都归掌握。

5·147 细雨闲开卷，微风独弄琴。

5·148 水流任意景常静，花落虽频心自闲。

5·149 残醺（残留的酒意）供白醉（即喝酒千杯而醉），傲（傲视）他附热（飞向光热之处）之蛾。一枕余黑甜（酣睡），输却分香之蝶。

5·150 闲为水竹云山主，静得风花雪月权（权力）。

5·151 半幅花笺入手，剪裁就腊雪春冰。一条竹杖随身，收拾（游览）尽燕云楚水（指南方和北方的风光）。

5·152 心与竹俱空，问是非何处安脚。貌偕松共瘦，知忧喜无由上眉。

5·153 芳菲林圃看蜂忙，觑破几多尘情世态。寂寞衡茆（同“衡茅”，横木为门，茅草建屋。指简陋的居室）观燕寝，发起一种冷趣（冷峻的情趣）幽思。

5·154 何地非真境？何物非真机（玄机）？芳园半亩，便是旧金谷（即晋代石崇所建的金谷园，极为华丽奢靡）。流水一湾，便是小桃源。林中野鸟数声，便是一部清（清新）鼓吹（泛指音乐）。溪上闲云几片，便是一幅真画图。

5·155 人在病中，百念灰冷，虽有富贵，欲享不可，反羡贫贱而健者。是故人能于无事时常作病想，一切名利之心，自然扫去。

5·156 竹影入帘，蕉阴荫槛，取蒲团一卧，不知身在冰壶鲛室（盛放着冰的玉壶和传说中水中鲛人的居室，形容冷清洁净之地）。

5·157 万壑松涛，乔柯飞颖（树枝摇动。乔柯：高处的树枝。颖：细长物体的末端），风力鼓飓（形容风大），谡谡（sù sù，形容风声呼呼作响）有秋江八月声，迢递（高峻的样子）幽岩之下，披襟（敞开衣襟）当之，不知是羲皇上人。

5·158 霜降木落（秋叶落下）时，入疏林深处，坐树根上，飘飘叶点衣袖，而野鸟从梢飞来窥人。荒凉之地，殊（特别）有清旷之致。

5·159 明窗之下，罗列图史琴尊（同“樽”，酒樽）以自娱。有兴则泛小舟，吟啸览古于江山之间。渚茶（浙江湖州的顾渚名茶）野酿，足以消忧；莼鲈稻蟹，足以适口。又多高僧隐士，佛庙绝胜（胜景）。家有园林，珍花奇石，曲沼高台，鱼鸟流连，不觉日暮。

5·160 山中莳花种草，足以自娱，而地朴人荒，泉石（代指美景）都无，丝竹绝响，奇士雅客亦不复过（来往），未免寂寞度日。然（然而）泉石以水竹代，丝竹以莺舌蛙吹（莺歌与蛙声）代，奇士雅客以蠹简（被蠹虫毁坏的书简,代指古代典籍)代,亦略相当。

5·161 闲中觅伴书为上,身外无求睡最安。

5·162 栽花种竹,未必果(一定)出闲人。对酒当歌,难道便称侠士?

5·163 虚堂(高大的厅堂)留烛,抄书尚存老眼。有客到门,挥麈但(只)说青山。

5·164 千人亦见,百人亦见(在千人中也显眼,在百人中也显眼),斯(这)为拔萃出类之英雄。三日不举火,十年不制衣(三天不生火煮饭,十年不做新衣服,形容人生活清贫),殆是乐道安贫之贤士。

5·165 帝子之望巫阳(化用楚怀王与巫山神女相会之典),远山过雨。王孙之别南浦,芳草连天。

5·166 室距(到)桃源,晨夕恒滋(长久滋润)兰茝(古书上说的一种香草,即"白芷")。门开杜径(谓门前辟有开满芳香杜若之花的小径,形容隐逸者的家园),往来惟有羊裘(古代著名的隐士羊裘公)。

5·167 枕长林而批史(批阅史书),松子为餐。入丰草以投闲(置身于清闲境地),蒲根可服。

5·168 一泓溪水柳分开,尽道清虚搅破。三月林光(指林中的春光)花带去,莫言香分消残。

5·169 荆扉(柴门)昼掩(白天也关着),闲庭宴然(形容淡于荣利,不求闻达的隐士生活。),行云流水(谓像天上的流云,江河中的流水。此指人的胸怀无拘无束)襟怀。隐不违亲(隐居修行而不离父母亲人),贞不绝俗(保守节操而不弃绝世事),太山乔岳(本都指泰山,后泛指高山)气象。

5·170 窗前独榻频移,为亲(亲近)夜月。壁上一琴常挂,时拂天风。

5·171 萧斋(指萧条冷落的书斋)香炉书史,酒器俱捐(舍弃)。北窗石枕松风(拂过松林的风声),茶铛将沸。

5·172 明月可人,清风披坐,班荆(朋友相遇于途,铺荆坐地,畅叙幽情)问水(即"问诸水滨"的省称。此指谈论的都是无关世事的话),天涯韵士高人。下箸佐觞(shāng,酒器。此指喝酒),品外(品流之外,指地位卑微)涧毛溪蔌(野菜),主之荣也。高轩塞户(显贵们乘坐的高车阻塞在门口。轩:车马),肥马嘶门,命酒呼茶,声势惊神震鬼。叠筵累几(餐桌上杯盘层叠,形容筵席极其丰盛),珍奇罄地穷天(穷尽了天地间的珍馐奇馔),客之辱也。

5·173 贺函伯(明代理学家、诗人)坐径山(在今杭州西北,传说中贺函伯修道的地方)竹里,须眉皆碧。王长公(明代学者、作家王凤洲)龛(此指龛居,谓居住在小房屋内)杜鹃楼下,云母(指用云母做饰物的帐子)都红(指被杜鹃花色映红)。

5·174 坐茂树以终日,濯清流以自洁。采于山,美可茹(美味可食)。钓于水,鲜可食。

5·175 年年落第,春风(喻落第失意之心)徒泣于迁莺(喻科举及第)。处处羁游(到处寄居异乡),夜雨空悲于断雁(失群的大雁;孤雁)。金壶霏润(金壶弥漫出酒的芳香),瑶管(带有玉饰的管乐器)春容(声音悠扬洪亮)。

5·176 菜甲初长(菜初生的叶芽),过于酥酪(乳制品)。寒雨之夕,呼童摘取,佐酒夜谈,嗅其清馥之气,可涤胸中柴荆(比喻人心胸狭窄),何必纯灰(喻指洗去心中的杂念和污秽)三斛(古代计量单位,一斛为五斗或十斗)!

5·177 暖风春坐酒,细雨夜窗棋。

5·178 秋冬之交,夜静独坐,每闻风雨潇潇,既凄然可愁,亦复悠然可喜。至酒醒灯昏之际,尤难为怀(情怀特别难以用言语表达)。

5·179 长亭烟柳,白发犹劳,奔走可怜名利客;野店溪云(溪清云白),红尘不到,逍遥时有牧樵人。天之赋命实同,人之自取则异。

5·180 富贵大是能俗人(使人鄙俗)之物,使吾辈当之,自可不俗。然有此不俗胸襟,自可不富贵矣。

5·181 风起思莼(用西晋文学家张翰闻秋风思莼鲈而弃官归乡的典故),张季鹰之胸怀落落(磊落)。春回到柳(典出陶渊明《五柳先生传》),

陶渊明之兴致翩翩。然此二人，薄宦（看轻官位）投簪（丢下固冠用的簪子，比喻弃官），吾犹嗟其太晚（指归隐太晚）。

5·182 黄花红树，春不如秋。白雪青松，冬亦胜夏。春夏园林，秋冬山谷，一心无累，四季良辰。

5·183 听牧唱樵歌，洗尽五年尘土肠胃（被世俗污染的内心）。奏繁弦急管，何如一派山水清音。

5·184 孑然一身，萧然四壁，有识者当此，虽未免以冷淡成愁，断（绝不会）不以寂寞生悔。

5·185 从五更枕席上参看心体（观察精神和身体的情况），心未动，情未萌，才见本来面目。向三时（早、中、晚）饮食中谙练世味（历练人世滋味和社会人情），浓不欣，淡不厌，方为切实功夫。

5·186 瓦枕石榻（代指仙人和修道之人的居所），得趣处下界有仙，木食草衣，随缘时西方无佛（指佛就在此时此地）。

5·187 当（身处）乐境而不能享者，毕竟是薄福之人。当苦境而反觉甘者，方才是真修之士。

5·188 半轮新月数竿竹，千卷藏书一盏茶。

5·189 偶向水村江郭（江边的城市），放不系之舟（比喻漂泊不定的生涯，也比喻无拘无束的身躯），还从沙岸草桥，吹无孔之笛（佛教语，禅宗借指悟境无法以心思或言语来表达，犹如无法吹鸣之无孔笛）。

5·190 物情（世情）以常无事为欢颜，世态以善托故（推托）为巧术。

5·191 善救时（解决眼前的危机），若和风之消酷暑。能脱俗，似淡月之映轻云。

5·192 廉所以（是用来）惩贪，我果（如果真的）不贪，何必标一廉名，以来（招来）贪夫之侧目。让所以息争，我果不争，又何必立一让名（谦让的名声），以致暴客之弯弓（代指动用武力）？

5·193 曲高每生寡和（曲高和寡，比喻知音难得）之嫌，歌唱需求同调。眉修（代指容貌美丽）多取入宫之妒，梳洗（代指女子打扮）切莫倾城。

5·194 随缘便是遣缘（调遣、利用机缘），似舞蝶与飞花共适（享受）。

顺事自然无事，若满月偕盆水同圆。

5·195 耳根似飙谷投响（暴风在山谷回响），过而不留，则是非俱谢。心境如月池浸色，空而不着（虚空而毫无挂碍），则物我两忘。

5·196 心事无不可对人语，则梦寐俱清。行事无不可使人见，则饮食俱健。

卷六　集景

【导读】

自古以来，文人和“景”之间就有着无法割舍的联系。“寄情于山水之间”是无数文人墨客表达内心情感，寄托个人志趣的方法。避祸于山林的乱世隐士，忧国忧民，可才能却不能为世所用，用吟咏山水的方法来抒发心中矛盾而复杂的感情，就成了他们最自然的选择。

“一切景语皆情语”，人生活在尘世，就是生活在“景”中，四季变化，雨雪风云，草木荣枯，鱼虫出没——一幅幅大自然的图景，无不直接或间接影响人们的生活和情感。秋风瑟瑟，万物凋零，木叶飘落，常常使人产生悲伤的情绪；春风和煦，百花盛开，杨柳依依，又常使人心旷神怡；日落叹光阴易逝，望月思故乡友人，无处不饱含着情感。

李渔《窥词管见》有云：“词虽不出情景二字，然二字亦分主客，情为主，景是客。说景即是说情，非借物遣怀，即将人喻物。有全篇不露秋毫情意，而实句句是情、字字关情者。”本卷中，作者主要辑录的是前人写“景”的诗文，这些诗文表达的“情”才是作者表达的重点。正因为如此，本卷诗文中所写的景，都表现出朴实无华、淡雅含蓄的特点，从情感上来说，则反映出与之相应的孤傲高洁、坚持操守的志向，塑造了一个个寄情山水、归隐田园的隐者形象。

结庐（建屋）松竹之间，闲云封户（门）；徙倚（徘徊、逡巡）青林之下，花瓣沾衣。芳草盈阶，茶烟几缕。春光满眼，黄鸟一声。此时可以诗，可以画，而正恐诗不尽言，画不尽意。而高人韵士，能以片言数语尽之者，则谓之诗可，谓之画可，谓高人韵士之诗画亦无不可。集景第六。

6·001 花关（开满鲜花的山口）曲折，云来不认湾头（水湾边）。草径幽深，落叶但（只）敲门扇。

6·002 细草微风，两岸晚山迎短棹（代指小船）。垂杨残月，一江春水送行舟。

6·003 草色伴河桥，锦缆（色彩美丽的缆绳）晓牵三竺（浙江杭州灵隐山飞来峰东南的天竺山）雨。花阴连野寺，布帆晴挂六桥（杭州西湖苏堤上的六座桥）烟。

6·004 闲步畎亩（田地）间，垂柳飘风，新秧翻浪。耕夫荷（背负）农器，长歌相应。牧童稚子，倒骑牛背，短笛无腔（指没有旋律和节奏），吹之不休，大有野趣。

6·005 夜阑人静，携一童立于清溪之畔，孤鹤忽唳（lì，鸟鸣），鱼跃有声，清入肌骨。

6·006 垂柳小桥，纸窗竹屋，焚香燕坐（安坐、闲坐，亦指坐禅），手握道书一卷。客来则寻常茶具，本色（不加掩饰地）清言，日暮乃归，不知马蹄（比喻性情受到束缚）为何物。

6·007 门内有径，径欲（要）曲。径转有屏（屏风），屏欲小。屏进有阶，阶欲平。阶畔有花，花欲鲜。花外有墙，墙欲低。墙内有松，松欲古。松底有石，石欲怪。石面有亭，亭欲朴。亭后有竹，竹欲疏。竹尽有室，室欲幽。室旁有路，路欲分。路合有桥，桥欲危（高）。桥边有树，树欲高。树阴有草，草欲青。草上有渠，渠欲细。渠引有泉，泉欲瀑(形成飞瀑)。泉去有山，山欲深。山下有屋，屋欲方。屋角有圃(园圃)，圃欲宽。圃中有鹤，鹤欲舞。鹤报有客，客不俗。客至有酒，酒欲不却(不推辞)。酒行有醉，醉欲不归。

6·008 清晨林鸟争鸣，唤醒一枕春梦。独黄鹂百舌(鸟名)，抑扬高下，最可人意。

6·009 高峰入云，清流见底。两岸石壁，五色交辉。青林翠竹，四时俱备。晓雾将歇(消散)，猿鸟乱鸣。日夕欲颓(坠落)，池鳞(池中鱼)竞跃，实欲界之仙都(指人间仙境)。自康乐(指南朝山水诗人谢灵运)以来，未有能与其奇者。

6·010 曲径烟深，路接杏花酒舍。澄江日落，门通杨柳渔家。

6·011 长松怪石，去墟落(村落)不下一二十里。鸟径(形容险峻难行的小道)缘(沿着)崖，涉水于草莽间数四(即"三四"，表示为数不多)。左右两三家相望，鸡犬之声相闻。竹篱草舍，燕(安然)处(居处)其间，兰菊艺(指种植)之，霜月春风，日有余思。临水时种桃梅，儿童婢仆皆布衣短褐(粗布衣服)，以给薪水，酿村酒而饮之。案有诗书：《庄周》《太玄》《楚辞》《黄庭》《阴符》《楞严》《圆觉》，数十卷而已。杖藜蹑屐(拄着杖藜，穿着木屐)，往来穷谷大川，听流水，看激湍，鉴(镜子。此指看水中的倒影)澄潭，步危(高)桥，坐茂树，探幽壑，升高峰，不亦乐乎！

6·012 天气晴朗，步出南郊野寺，沽酒(买酒)饮之。半醉半醒，携僧上雨花台(地名，位于今江苏省南京市南郊)，看长江一线(细得像一条线)，风帆摇曳，钟山(即今南京紫金山)紫气，掩映黄屋，景趣满前，应接不暇。

6·013 净扫一室，用博山炉(古香炉名，后泛指名贵的香炉)，爇(ruò，烧)沉水香(指用沉香木制作的名贵熏香)。香烟缕缕，直透心窍，最令人精神凝聚。

6·014 每登高丘，步邃(suì，幽深)谷，延留(逗留不走)燕坐，见悬崖瀑流，寿木(传说中的仙树。此指古树)垂萝，閟邃(神秘、幽深。閟：bì)岑寂(幽静、寂寞)之处，终日忘返。

6·015 每遇胜日（美好的日子）有好怀，袖手哦（吟咏）古人诗足矣。青山秀水，到眼即可舒啸（长啸；放声歌啸），何必居（处于）篱落（篱笆）下，然后为己物（自己独赏的景物）？

6·016 柴门不扃（jiōng，上闩，关门），筠帘（竹帘。筠：yún，竹子的青皮）半卷，梁间紫燕，呢呢喃喃，飞出飞入。山人以啸咏佐之，皆各适其性。

6·017 风晨（清风吹拂的早晨）月夕（月光皎洁的夜晚），客去后，蒲团可以双跏（泛指打坐）。烟岛云林，兴（兴致）来时，竹杖何妨独往？

6·018 三径（指隐者的居所）竹间，日华澹澹，固（确实）野客之良辰。一编窗下，风雨潇潇，亦幽人之好景。

6·019 乔松十数株，修竹千余竿。青萝为墙垣，白石为鸟道。流水周（环绕）于舍下，飞泉落于檐间。绿柳白莲，罗生（分散地生长）池砌（池塘的岸阶）。时居其中，无不快心。

6·020 人冷因花寂，湖虚受雨喧。

6·021 有屋数间，有田数亩。用盆为池，以瓮为牖（用破缸口安在墙上做窗户，形容生活贫寒。牖：yǒu，窗户）。墙高于肩，室大于斗。布被暖余，藜藿（lí huò，两种野菜，代指粗劣的饭菜）饱后。气吐胸中，充塞宇宙。笔落人间，辉映琼玖（qióng jiǔ，指美玉）。人能知止，以退为茂（美好）。我自不出（出仕做官），何退之有？心无妄想，足无妄走。人无妄交，物无妄受。炎炎（美好而盛大）论之，甘处其陋。绰绰（舒缓）言之，无出其右（没有能超过他的）。羲轩之书，未尝去（离开）手。尧舜之谈，未尝离口。谈中和（儒家的致中仁和之道）天，同乐易友（同乐观平易之人交友）。吟自在诗，饮欢喜酒。百年升平，不为不偶（不遇、不合，引申为命运不好）。七十康疆，不为不寿。

6·022 中庭蕙草（泛指香草）销雪（融化雪），小苑梨花梦云。

6·023 以江湖相期，烟霞相许，付同心之雅会，托意气之良游。或闭户读书，累月不出；或登山玩水，竟日（终日）忘归。斯（这是）贤达之素交，盖千秋之一遇。

6·024 荫映岩流之际，偃息（休养、休息）琴书之侧，寄心松竹，取乐鱼鸟，则淡泊之愿，于是（在这里）毕（完成、实现）矣。

6·025 庭前幽花时发（按时开放），披览既倦，每啜茗对之。香色撩人，吟思（诗兴、诗思）忽起，遂歌一古诗，以适清兴。

6·026 凡静室，须前栽碧梧，后种翠竹，前檐放步，北用暗窗，春冬闭之，以避风雨，夏秋可开，以通凉爽。然碧梧之趣，春冬落叶，以舒负暄（冬日晒太阳取暖）融和之乐，夏秋交荫（交错成荫），以蔽炎烁蒸烈之气，四时得宜，莫此为胜（没有什么比这更好的了）。

6·027 家有三亩园，花木郁郁。客来煮茗，谈上都贵游（指京城的显贵之人），人间可喜事，或茗寒酒冷，宾主相忘。其居与山谷相望，暇（有空）则步草径相寻（寻幽探胜）。

6·028 良辰美景，春暖秋凉。负杖蹑履（扶着手杖，趿拉着鞋，形容衣着随意、行为自在的样子），逍遥自乐。临池观鱼，披林（拨开林中树木）听鸟，酌酒一杯，弹琴一曲，求数刻之乐，庶几（差不多）居常（总是这样居处）以待终。

6·029 筑室数楹，编槿（木槿的枝条）为篱，结茅为亭。以三亩荫竹树栽花果，二亩种蔬菜，四壁清旷，空诸所有，蓄山童灌园剃草，置二三胡床着亭下，挟书剑以伴孤寂，携琴弈以迟（等待）良友，此亦可以娱老（欢度晚年）。

6·030 一径阴开，势隐蛇蟺之致（小路曲折蜿蜒的样子），云到成迷（朦胧，看不清楚）。半阁（小阁）孤悬，影回（光影回环）缥缈之观，星临可摘。

6·031 几分春色，全凭狂花（盛开的花朵）疏柳安排。一派秋容，总是红蓼白萍妆点。

6·032 南湖（今浙江嘉兴南湖）水落，妆台（指西施梳妆台，在今浙江嘉兴范蠡湖边）之明月犹悬。西郭（嘉兴的西城墙）烟销，绣榻（指西施的床榻）之彩云不散。

6·033 秋竹沙中淡，寒山寺里深。

6·034 野旷天低树，江清月近人。

6·035 潭水寒生月，松风夜带秋。

6·036 春山艳冶如笑，夏山苍翠如滴，秋山明净如妆，冬山惨淡如睡。

6·037 眇眇(miǎo，高远、辽远)乎春山，澹冶(素雅而秀丽)而欲笑。翔翔(盘旋地飞)乎空丝(空中薄而细长的云)，绰约(姿态柔美)而自飞。

6·038 盛暑持蒲，榻铺竹下，卧读《骚》《经》(《离骚》《诗经》，代指诗书)，树影筛风，浓阴蔽日，丛竹蝉声，远远相续，蘧(qú，喜悦)然入梦。醒来命取榐(zhǎn，树名，其木可以制梳子。此指梳子)栉发(梳头。栉：zhì)，汲石涧流泉，烹云芽(一种名茶)一啜，觉两腋生风。徐步草玄亭，芰(jì，菱角)荷出水，风送清香，鱼戏冷泉，凌波跳掷。因(于是)涉东皋(东面的高地)之上，四望溪山罨画(色彩鲜明的绘画。罨：yǎn)，平野苍翠。激气(激越之气。此指疾风)发于林瀑，好风送之水涯，手挥麈尾，清兴洒然。不待法雨(指夏天的雨)凉雪，使人火宅(指炎热的天气)之念都冷。

6·039 山曲小房，入园窈窕幽径，绿玉(绿竹)万竿。中汇涧水为曲池，环池竹树云石，其后平冈逶迤，古松鳞(喻指松树皮)鬣(liè，喻指松针)，松下皆灌丛杂木，茑萝骈织(并列交织)，亭榭翼然。夜半鹤唳清远，恍如宿花坞。间闻哀猿啼啸，嘹呖(liáo lì，形容声音响亮凄清)惊霜，初不辨其为城市为山林也。

6·040 一抹万家，烟横树色，翠树欲流，浅深间布，心目竞观，神清爽涤。

6·041 万里澄空，千峰开霁(雨雪停止，天放晴)，山色如黛，风气如秋，浓阴如幕，烟光如缕，笛响如鹤唳，经呗(指佛教徒念经的声音。呗：bài)如咿唔(象声词，形容吟诵声)，温言如春絮，冷语如寒冰，此景不应虚掷(虚度、浪费)。

6·042 山房置古琴一张，质虽非紫琼(紫色宝石)绿玉，响不在焦尾号钟(中国古代的两大名琴)，置之石床，快作数弄(快速弹奏几曲)。深山无人，水流花开，清绝冷艳。

6·043 密竹轶云（高过云端。轶：超过），长林蔽日，浅翠娇青，笼烟惹湿，构（建）数椽（几间房舍）其间，竹树为篱，不复葺垣（修建围墙）。中有一泓流水，清可漱齿，曲可流觞（即"流觞曲水"：古时的一种风俗，将盛酒的酒杯放在溪水中漂流，漂到谁的面前停下谁就要饮酒），放歌其间，离披蒨郁（茂盛鲜明的样子。蒨：qiàn，草长得茂盛），神涤意闲。

6·044 抱影（抱膝顾影）寒窗，霜夜不寐，徘徊松竹下。四山月白，露坠冰柯（白霜降落到树枝上，结成霜和冰凌。柯：树枝），相与（共同、一起）咏李白《静夜思》，便觉泠（líng，寒冷）然寒风。就寝复坐蒲团，从松端看月，煮茗佐谈，竟此夜乐。

6·045 云晴叆叇（ài dài，云雾密集飘荡的样子），石楚（同"础"）流滋（柱下石础潮湿流水，是天将降雨的征兆），狂飙（暴风）忽卷，珠雨淋漓。黄昏孤灯明灭，山房清旷，意自悠然。夜半松涛惊飓，蕉园鸣琅（金石相击之声），窾坎（kuǎn kǎn，象声词）之声，疏密间发，愁乐交集，足写（抒发）幽怀（隐藏于内心的情感）。

6·046 四林皆雪，登眺时见絮起风中（指下雪），千峰堆玉，鸦翻城角，万壑铺银。无树飘花，片片绘子瞻之壁（片片雪花像苏轼所描绘的赤壁下千万堆雪白的浪花）。不妆散粉（不化妆，却有香粉散落），点点糁（指在羹中加入米饭粒。糁：sǎn，米饭粒）原宪（孔子的弟子）之羹。飞霰（小雪粒或小冰珠）入林，回风折竹，徘徊凝览，以发奇思。画冒雪出云之势，呼松醪（用松子或松花酿的酒。醪：láo，浊酒）茗饮之景。拥炉煨芋，欣然一饱，随作雪景一幅，以寄僧赏。

6·047 孤帆落照（夕阳的余晖）中，见青山映带，征鸿回渚（秋天南飞的大雁回到了小洲之上），争栖竞啄（争抢栖息之地，竞相抢着啄食），宿水鸣云（在水边栖宿，在云中鸣叫），声凄夜月，秋飙萧瑟，听之黯然，遂使一夜西风（指秋风），寒生露白。

6·048 万山深处，一泓涧水，四周削壁，石磴崭岩（高峻的山崖上凿有石磴），丛木蓊郁，老猿穴（穴居）其中，古松屈曲，高拂云巅，鹤来时栖其顶。每晴初霜旦，林寒涧肃，高猿长啸，属引（zhǔ yǐn，连续不断）凄异

（凄惨悲凉），风声鹤唳，嘹呖惊霜，闻之令人凄绝。

6·049 春雨初霁，园林如洗，开扉闲望，见绿畴（田地）麦浪层层，与湖头烟水相映带，一派苍翠之色，或从树杪（树枝的细梢。杪：miǎo）流来，或自溪边吐出。支筇（拄着手杖。筇：qióng，古书上说的一种竹子，可以做手杖）散步，觉数十年尘土（被尘俗污染）肺肠，俱为洗净。

6·050 四月有新笋、新茶、新寒豆（豌豆或蚕豆）、新含桃（樱桃），绿阴一片，黄鸟数声，乍晴乍雨，不暖不寒，坐（座）间非雅非俗，半醉半醒，尔时（那时候）如从鹤背飞下耳（就像是从仙鹤背上飞下来的神仙一样）。

6·051 名从刻竹（名字刻在竹筒上想要流传后世），源分渭亩之云（渭川千亩如云的竹林）。倦以据梧（靠着梧桐睡觉），清梦郁林之石（形容为人清廉）。

6·052 夕阳林际（林间），蕉叶堕而鹿眠。点雪炉头，茶烟飘而鹤避。

6·053 高堂客散，虚户风来，门设不关，帘钩欲下。横轩（横廊）有狻猊（suān ní，传说为龙的第五子，"形如狮，喜烟好坐"）之鼎（鼎形的香炉），隐几（矮几）皆龙马（传说中一种马头龙身的神兽）之文（纹饰），流览霄端，寓观（注视）濠上（喻指别有会心、自得其乐之地）。

6·054 山经秋而转淡（素淡），秋入山而倍清。

6·055 山居（指隐居、幽居）有四法：树无行次（次序），石无位置，屋无宏肆（铺张，讲排场），心无机事（机巧世故之事）。

6·056 花有喜、怒、寤（wù，醒来）、寐（mèi，睡着）、晓、夕，浴花（浇花）者得其候（时机），乃为膏雨（能滋润花草的雨水）。淡云薄日，夕阳佳月，花之晓也。狂号连雨，烈焰（指酷暑）浓寒，花之夕也。檀唇（指红花）烘日，媚体藏风（受风），花之喜也。晕酣（酒酣之后晕乎乎的样子）神敛，烟色迷离，花之愁也。欹（通"倚"，斜倚，斜靠）枝困槛（懒洋洋地靠在栏杆上），如不胜（不能承受）风，花之梦也。嫣然（娇媚的笑态）流盼（流转目光观看），光华溢目，花之醒也。

6·057 海山微茫而隐见，江山严厉（严肃凝重）而峭卓（高峻陡直），溪山窈窕而幽深，塞山童（荒芜无草木）赪（chēng，红色）而堆阜（小丘），桂林之山绵衍（绵延）庞博（磅礴），江南之山峻峭巧丽。山之形色，不同如此。

6·058 杜门避影，出山一事，不到梦寐间（做梦也不会想到）。春昼花阴，猿鹤饱卧，亦五云（五色祥云，是吉祥的象征）之余荫。

6·059 白云徘徊，终日不去。岩泉一支，潺湲（chán yuán，水慢慢流的样子）斋中。春之昼，秋之夕，既清且幽，大得隐者之乐，惟恐一日离去。

6·060 与衲子辈坐林石上，谈因果，说公案（禅宗术语，指禅宗祖师的一段言行）。久之，松际（松树间）月来，振衣（抖衣去尘；整衣）而起，踏树影而归，此日便是虚度。

6·061 结庐人境，植杖（拄着手杖）山阿（山的曲折处），林壑地之所丰，烟霞性之所适，荫丹桂，藉（倚坐）白茅，浊酒一杯，清琴数弄（弹奏几曲），诚足乐也。

6·062 辋水（河名，又称辋川，在今陕西蓝田县辋谷川口）沦涟（荡起涟漪），与月上下（月光在水中反射，上下浮动）。寒山远火，明灭（忽明忽暗）林外，深巷小犬，吠声如豹。村虚（指村庄。虚：同"墟"）夜舂（舂米），复与疏钟相间，此时独坐，童仆静默。

6·063 东风开柳眼（早春初生的柳叶如人睡眼刚睁开），黄鸟骂桃奴（在秋天没有被采摘，经过冬天之后已经风干了的桃子）。

6·064 晴雪长松，开窗独坐，恍如身在冰壶（藏冰的玉壶，形容环境清凉）。斜阳芳草，携杖闲吟，信（确实）是人行图画。

6·065 小窗下修篁（huáng，竹林，泛指竹子）萧瑟，野鸟悲啼。峭壁间醉墨（醉后所作的书画诗文）淋漓，山灵（山神）呵护。

6·066 霜林之红树（指经霜之后叶红之树），秋水之白苹。

6·067 云收（指雨云散去，天气转晴）便悠然共游，雨滴便泠然俱清。鸟啼便欣然有会（会意、领悟），花落便洒然有得。

6·068 千竿修竹，周遭（四周围绕）半亩方塘。一片白云，遮蔽五株

垂柳。

6·069 山馆秋深，野鹤唳残（凄厉地鸣叫）清夜月。江园春暮，杜鹃啼断落花风。

6·070 青山非僧不致，绿水无舟更幽。朱门（指贵族豪富人家）有客方尊，缁衣绝粮益韵（朝廷官员绝粮断炊，就更能显出清廉的风度）。

6·071 杏花疏雨，杨柳轻风，兴到欣然独往。村落烟横（烟雾弥漫，横于眼前），沙滩月印，歌残（歌声消失）倏尔（形容很快，时间很短）言旋（归去）。

6·072 赏花酣酒，酒浮园菊凡（共）三盏（浅而小的杯子）；睡醒问月，月到庭梧第二枝。此时此兴，亦复不浅。

6·073 几点飞鸦，归来绿树。一行征雁，界破（划破）青天。

6·074 看山雨后，霁色一新，便觉青山倍秀。玩月（赏月）江中，波光千顷，顿令明月增辉。

6·075 楼台落日，山川出云。

6·076 玉树之长廊半阴，金陵（指南京的紫金山）之倒景（倒影）犹赤。

6·077 小窗偃卧（仰卧），月影到床，或逗留于梧桐，或摇乱于杨柳，翠华（翠绿的光华）扑被，神骨（指尘世中人）俱仙。

6·078 及从竹里流来，如自苍云（乌云）吐出。清送素娥（嫦娥）之环佩（环佩撞击之声），逸移（飘逸的移动身形）幽士之羽裳。想思（想念）足慰于故人，清啸自纡（yū，回旋、环绕）于长夜。

6·079 绘雪者，不能绘其清。绘月者，不能绘其明。绘花者，不能绘其香。绘风者，不能绘其声。绘人者，不能绘其情。

6·080 读书宜楼，其快有五：无剥啄（叩击、敲打。此指叩门声）之惊，一快也。可远眺，二快也。无湿气浸床，三快也。木末竹颠，与鸟交语，四快也。云霞宿高檐，五快也。

6·081 山径幽深，十里长松引路，不倩（请）金张（汉时金日磾、张安世二人的并称）。俗态纠缠，一编残卷（一部不完整的书卷）疗人，何须卢扁(战国时名医扁鹊,后泛指名医)。

6·082 喜方外(世外,指仙境)之浩荡,叹人间之窘束(约束、拘谨)。逢阆苑(làng yuàn,指神仙居住的地方,也代指帝王宫苑)之逸客(超逸高雅的客人),值蓬莱(神话传说中的仙山,泛指仙境)之故人。

6·083 忽据梧而策杖,亦披裘而负薪(穿着裘褐,背着柴薪,形容志高行洁的隐士)。

6·084 出芝田(传说中仙人种植灵芝的地方)而计亩,入桃源而问津(问渡口,泛指问路)。菊花两岸,松声一丘。叶动猿来,花惊鸟去。阅丘壑(山水)之新趣,纵江湖之旧心。

6·085 篱边杖(拄着拐杖)履送僧,花须列于巾角(头巾角)。石上壶觞(酒具,代指饮酒)坐客,松子落我衣裾。

6·086 远山宜秋,近山宜春,高山宜雪,平山宜月。

6·087 珠帘蔽月,翻(卷帘)窥窈窕之花。绮幔藏云,恐碍扶疏(回旋摇曳)之柳。

6·088 松子为餐,蒲根可服。

6·089 烟霞润色,荃(古书上说的一种香草)荑(嫩芽)结芳。出涧幽而泉冽,入山户而松凉。

6·090 旭日始暖,蕙草可织。园桃红点,流水碧色。

6·091 玩(欣赏、玩赏)飞花之度窗,看春风之入柳,命丽人于玉席(精美的席子),陈宝器于纨罗(洁白而精美的丝织品)。

6·092 忽翔飞而暂隐,时凌空而更扬。竹依窗而弄影,兰因风而送香。

6·093 风暂下而将飘,烟才高而不瞑(幽暗、昏暗)。

6·094 悠扬绿柳,讶合浦之同归(语出成语“合浦还珠”:比喻东西失而复得或人去而复回)。缭绕青霄(青天),环五星之一气(古人认为金木水火土五大行星同时出现于天空是祥瑞之兆)。

6·095 褥绣(绚丽的锦绣,亦用以喻文采)起于缇纺(红色的丝织品),烟霞生于灌莽(丛生的草木)。

卷七　集韵

【导读】

“韵味”“韵致”“风韵”……一个“韵”字道出了无尽的意趣，而本书的作者更是将“韵”与“俗”相对，此时的“韵”就更多出了“雅韵”之意。在卷首语中，作者就针对当时的社会现实说道，“今世且有焚香啜茗，清凉在口，尘俗在心，俨然自附于韵”之人，由此可以看出，作者心中的“韵”绝不是附庸风雅，而是一种清韵，是一种发自心中的高雅之气。

这一卷中辑录的前人诗文，粗粗看来，描摹的对象还是和前后各卷类似，山水林泉、花鸟鱼虫、琴棋书画、耕读渔樵……但细细品味，就会发现本卷各条始终贯穿着文人对高雅韵致的追求。在作者眼里，“韵”体现在生活的各个方面，生活不求奢华，而在乎简朴；景物不求艳丽，而在乎清雅；诗文不求精美，而在乎脱俗；情感不追求浓郁，而在乎真挚……总之，“韵”之魂在于一“清”字，这正是作者心中林下风度的体现。

人生斯世，不能读尽天下秘书灵笈（宫禁秘藏之书或者仙道秘籍，泛指奇书秘籍），有目而昧（看不清），有口而哑，有耳而聋，而面上三斗俗尘，何时扫去？则“韵”之一字，其世人对症之药乎？虽然，今世且有焚香啜茗，清凉在口，尘俗在心，俨然自附（附庸）于韵，亦何异三家村（人烟稀少的小村庄）老妪，动口念阿弥，便云升天成佛也。集韵第七。

7·001 陈慥（字季常，北宋人。慥：zào）家蓄数姬，每日晚藏花一枝，使诸姬射覆（古代的一种游戏，就是在瓯、盂等器具下覆盖某一物件，让人猜测其所在），中者留宿，时号“花媒”。

7·002 雪后寻梅，霜前访菊，雨际护兰，风外听竹。

7·003 清斋幽闭（思妇藏于深闺），时时暮雨打梨花（把雨打梨花的景色关在门外）。冷句忽来，字字秋风吹木叶（吟咏出意境幽冷的诗句，字字像秋风吹落树叶）。

7·004 多方分别（大家把不同意见拿出来讨论），是非之窦易开（是非的孔洞容易打开，比喻容易分辨是非曲直。窦：孔洞）。一味圆融，人我之见不立。

7·005 春云宜山，夏云宜树，秋云宜水，冬云宜野。

7·006 清疏畅快，月色最称风光。潇洒风流，花情何如（比得上）柳态。

7·007 春夜小窗兀坐（静坐），月上木兰，有骨凌冰，怀人如玉。因想“雪满山中高士卧，月明林下美人来”，语此际光景颇似。

7·008 文房供具（书房中陈设的器物），藉以快目适玩（赏心悦目，适合玩赏），铺叠如市（市集），颇损雅趣，其点缀之法，罗罗清疏（清朗舒放。罗罗：舒朗之姿），方能得致。

7·009 香令人幽，酒令人远，茶令人爽，琴令人寂，棋令人闲，剑令人侠，杖令人轻，麈令人雅，月令人清，竹令人冷，花令人韵，石令人隽，雪令人旷，僧令人淡，蒲团令人野，美人令人怜，山水令人奇，书史（典籍，指经史一类书籍）令人博，金石鼎彝（指古代镌刻文字、颂功纪事的钟鼎

碑碣等，泛指文物）令人古（古雅）。

7·010 吾斋之中，不尚虚礼，凡入此斋，均为知己。随分（随便、就便）款（款待）留，忘形笑语。不言是非，不侈荣利。闲谈古今，静玩山水。清茶好酒，以适幽趣。臭味（志趣、意趣。臭：xiù）之交，如斯而已。

7·011 窗宜竹雨声，亭宜松风声，几宜洗砚声，榻宜翻书声，月宜琴声，雪宜茶声，春宜筝声，秋宜笛声，夜宜砧声（即捣衣声）。

7·012 鸡坛（指交友结盟）可以益学，鹤阵（古代作战的一种攻守兼备的阵法，亦称“鹤翼阵”）可以善兵（增强战斗力）。

7·013 翻经如壁观僧，饮酒如醉道士，横琴（弹琴）如黄葛（指用黄色葛布制作的头巾，即黄葛巾）野人，肃客（迎进客人）如碧桃渔父（桃花源中的人）。

7·014 竹径款扉（敲门，叩门），柳阴班席（铺席而坐，朋友谈心），每当雄才之处（展现出雄才大略的时候），明月停辉，浮云驻影，退而与诸俊髦（才智杰出之士）西湖靓媚，赖此英雄，一洗粉泽（指脂粉气）。

7·015 云林（元代画家、诗人倪瓒）性嗜茶，在惠山（在今江苏省无锡市西郊）中，用核桃、松子肉和白糖，成小块，如石子，置茶中，出以啖客（给客人吃），名曰“清泉白石”。

7·016 有花皆刺眼，无月便攒眉（皱起眉头），当场得无（莫不是）妒我。花归三寸管（指毛笔），月代五更灯，此事何可（怎么可以）语人？

7·017 求校书（指才妓）于女史（对知识女性的美称），论慷慨于青楼。

7·018 填不满贪海，攻不破疑城。

7·019 机息（机心止息）便有月到风来，不必苦海人世。心远（心情超逸，胸怀旷达）自无车尘马迹，何须痼疾丘山（隐逸之士对山林热爱到了顽疾的程度。痼疾：gù jí，经久难治愈的病）？

7·020 郊中野坐，固可班荆。径里闲谈，最宜拂石（掸去灰尘，坐在石头上）。侵云烟而独冷，移开清啸胡床，藉（倚坐）草木以成幽，撤去庄严莲座。

7·021 幽人心似梅花(梅花般清雅高洁),韵士心同杨柳(柳条般飘逸潇洒)。

7·022 情因年少,酒因境(境遇复杂)多。

7·023 看书筑得(需要)村楼,空山曲抱(环绕)。趺坐扫来花径,乱水斜穿。

7·024 倦时呼鹤舞,醉后倩(请求)僧扶。

7·025 鸟衔幽梦远,只在数尺窗纱,蛩(qióng,指蟋蟀)递秋声悄,无言一龛灯火。

7·026 藉草班荆,安稳林泉之窔(幽深)。披裘拾穗,逍遥草泽之曜(yào,照耀,明亮)。

7·027 万绿阴中,小亭避暑,八(八面)闼(tà,门、小门)洞开,几(几案)簟(diàn,竹席)皆绿。

7·028 雨过蝉声来,花气令人醉。

7·029 剸犀截雁(割断犀角,截断雁胫,形容刀剑锋利。剸:tuán,割断、截断)之舌锋,逐日追风之脚力。

7·030 瘦(瘦竹)影疏而漏月,香阴气(花荫中的香气)而堕风(飘散)。

7·031 修竹到门云里寺,流泉入袖水中人(雨中的游人)。

7·032 诗题(作诗的题目)半作逃禅(指为遁世而参禅)偈(jì,梵语"颂",即佛经中的唱词),酒价都为买药钱。

7·033 扫石月盈帚(月光洒满扫帚),滤泉花满筛。

7·034 流水有方(药方)能出世,名山如药可轻身(使身体轻健)。

7·035 与梅同瘦,与竹同清,与柳同眠,与桃李同笑,居然花里神仙。与莺同声,与燕同语,与鹤同唳,与鹦鹉同言,如此话中知己。

7·036 栽花种竹,全凭诗格取裁。听鸟观鱼,要在酒情打点(考虑)。

7·037 登山遇厉瘴(即瘴气),放艇遇腥风,抹竹(弹奏弦乐器)遇缪丝(断弦绞结在一起),修(修剪)花遇酲(chéng,指喝醉了不清醒。此指雾浓

遮蔽视线)雾,欢场遇害马(害群之马。此指不解风情之人),吟席遇伧夫(粗俗的汉子),若斯不遇(不得意、不顺利),甚于泥涂(亦作"泥途"。污泥,淤泥)。偶集(美好的集会)逢好花,踏歌逢明月,席地逢软草,攀登逢疏藤,展卷(读书)逢静云,战茗(斗茶)逢新雨,如此相逢,逾于(超过)知己。

7·038 草色遍溪桥,醉得蜻蜓春翅软。花风通驿路,迷来蝴蝶晓魂香。

7·039 田舍儿强作馨语(乡下人勉强说美好的语言),博得俗因(是显得俗气的原因)。风月场插入伧夫,便成恶趣(低级趣味)。

7·040 诗瘦(苦苦吟诗而消瘦)到门怜病鹤,清影颇佳。书贫经座并寒蝉,雄风顿挫。

7·041 梅花入夜影萧疏,顿令月瘦。柳絮当空晴恍忽(同"恍惚"。模糊不清楚),偏惹风狂。

7·042 花阴流影,散为半院舞衣(舞者的服饰。此指舞蹈者的身影)。水响飞音,听来一溪歌板(唱歌时用来打拍子的乐器,代指歌声)。

7·043 萍花香里风清,几度渔歌。杨柳影中月冷,数声牛笛(牧童的笛声)。

7·044 谢将缥缈无归处,断浦沉云(云雾笼罩水滨)。行到纷纭不系(道路杂乱不连接)时,空山挂雨。

7·045 浑(完全)如花醉(陶醉于鲜花),潦倒何妨。绝胜柳狂,风流自赏。

7·046 春光浓似酒,花故醉人,夜色澄如水,月来洗俗。

7·047 雨打梨花深闭门(藏于深闺),怎生消遣。分付(托付)梅花自主张,着甚牢骚?

7·048 对酒当歌,四座好风随月到。脱巾露顶(摘下头巾露出头顶,形容闲适随意的装扮),一楼新雨带云来。

7·049 浣花溪(在今四川成都市西五里)内,洗十年游子衣尘。修(高)竹林中,定四海良朋交籍(交游的名单、范围)。

7·050 人语亦语,诋其(人们批评他)昧于钳口(由于愚昧而不知守口。钳口：闭口）。人默亦默，訾其短于雌黄（没有评论的才能）。

7·051 艳阳天气，是花皆堪（都能够）酿酒。绿阴深处，凡叶尽可（都可以）题诗。

7·052 曲沼荇（xìng）香浸月（月亮倒映在水中），未许鱼窥。幽关（深邃的关隘）松冷巢云（山中雾气），不劳鹤伴。

7·053 篇诗斗酒，何殊太白之丹丘（李白的好友丹丘生）。扣舷吹箫，好继东坡之赤壁。

7·054 获佳文易，获文友难。获文友易，获文姬（美丽而有文采的女子）难。

7·055 茶中着料（古人煮茶时流行加入葱姜糖等佐料），碗中着（zhāo，放、搁）果，譬如玉貌加脂，蛾眉着黛，翻累（反而影响）本色。

7·056 煎茶非漫浪（随随便便、漫不经心），要须人品与茶相得，故其法往往传于高流隐逸，有烟霞泉石磊落胸次（寄情于烟霞泉石而胸怀磊落）者。

7·057 楼前桐叶，散为一院清阴。枕上鸟声，唤起半窗红日。

7·058 天然文锦（五彩斑斓的织锦），浪吹花港之鱼（杭州西湖花港的鱼）。自在笙簧（指笙中的簧片。这里代指笙吹出的音乐），风戛（风吹）园林之竹。

7·059 高士流连，花木添清疏之致。幽人剥啄（用手杖敲打），莓苔生淡冶（素雅而秀丽）之光。

7·060 松涧边携杖独往，立处云生破衲（破旧的僧衣）。竹窗下枕书高卧，觉时（醒来）月浸寒毡。

7·061 散履闲行，野鸟忘机（消除机巧之心，指甘于淡泊、与世无争）时作伴。披襟兀坐，白云无语漫（随意）相留。

7·062 客到茶烟起竹下，何嫌屐破苍苔（木屐踏破苍苔又有何妨）。诗成笔影弄花间，且喜歌飞《白雪》（泛指高雅艺术）。

7·063 月有意而入窗，云无心而出岫（山峦）。

7·064 屏绝外慕（排除和断绝对尘世间荣华利禄的羡慕），偃息长林

（在山林中修养歇息。此指隐居），置理乱（世间的治乱）于不闻，托清闲而自佚（即“自逸”，自图安逸）。松轩竹坞（种植着松竹的居处，指隐居之所），酒瓮茶铛，山月溪云，农蓑渔罟（gǔ，渔网）。

7·065 怪石为实友，名琴为和友，好书为益友，奇画为观友，法帖为范友，良砚为砺友，宝镜为明友，净几为方友，古磁（通“瓷”）为虚友，旧炉为熏友，纸帐为素友，拂麈为静友。

7·066 扫径迎清风，登台邀明月。琴觞（弹琴喝酒）之余，间以歌咏，止许鸟语花香，来吾几榻耳。

7·067 风波尘俗，不到意（心意）中，云水淡情，常来想外（预想之外）。

7·068 纸帐梅花（即“梅花纸帐”，古代的一种组合卧具），休惊他三春清梦，笔床（笔架）茶灶，可了我半日浮生（此指时光）。

7·069 酒浇清苦月，诗慰寂寥花。

7·070 好梦乍（刚）回，沉（沉浸在其中）心未烬，风雨如晦，竹响入床，此时兴复不浅（兴致也不低）。

7·071 山非高峻不佳，不远城市不佳，不近林木不佳，无流泉不佳，无寺观不佳，无云雾不佳，无樵牧不佳。

7·072 一室十圭（形容房间很小），寒蛩声暗，折脚铛边，敲石（敲打火石生火）无火。水月在轩，灯魂（微弱的灯火）未灭，揽衣独坐，如游皇古（上古，遥远的古代）。

7·073 意思（思想）虚闲，世界清净，我身我心，了不可取（完全没有要求），此一境界，名（名列）最第一。

7·074 花枝送客蛙催鼓（蛙鸣鼓噪），竹籁（风吹竹林之声）喧林鸟报更，谓山史（山中场景）实录。

7·075 遇月夜，露坐中庭，必爇（ruò，烧）香一炷，可号伴月香。

7·076 襟韵洒落，如晴雪秋月，尘埃不可犯。

7·077 峰峦窈窕，一拳便是名山，花竹扶疏（枝叶茂盛高低疏密有致），半亩如同金谷（晋代大富豪石崇的金谷园别墅。此指豪华的园林建筑)。

7·078 观山水亦如读书,随其见趣(见识和趣味)高下。

7·079 名利场中羽客(神仙、方士,泛指修行之人),人人输蔡泽(战国时燕国人,秦昭王拜为客卿,代范雎为秦相)一筹。烟花队(青楼妓馆)里仙流(仙人),个个让涣之(指唐代大诗人王之涣)独步。

7·080 深山高居,炉香不可缺,取老松柏之根枝实叶,共捣治(加工)之,研风昉(一种中草药)羼(chàn,混杂、掺杂)和之,每焚一丸,亦足助清苦(清心苦修)。

7·081 白日羲皇世(上古伏羲时的清闲世界),青山绮皓(汉初隐士商山四皓。这里泛指有名望的隐士)心。

7·082 松声、涧声、山禽声、夜虫声、鹤声、琴声、棋子落声、雨滴阶声、雪洒窗声、煎茶声,皆声之至清,而读书声为最。

7·083 晓起入山,新流没岸。棋声未尽,石磬依然。

7·084 松声竹韵,不浓不淡。

7·085 何必丝与竹(弦乐器与管乐器,泛指音乐),山水有清音。

7·086 世路中人,或图功名,或治生产,尽自正经(都自认为是在做正经事)。争奈天地间好风月、好山水、好书籍,了不相涉(完全不涉猎),岂非枉却(白活了)一生!

7·087 李岩老(宋人,南岳衡山上的道士)好睡。众人食罢下棋,岩老辄就枕,阅(经过)数局乃一展转(即"辗转",翻身),云:"我始一局,君几局矣?"

7·088 晚登秀江亭(指北宋隐士吴仁私人别墅中的亭子,在今江西省新余市城外的袁江边),澄波古木,使人得意(意趣)于尘埃之外,盖(是)人闲(闲适)景幽,两相奇绝耳。

7·089 笔砚精良,人生一乐,徒设(空做摆设)只觉村妆(村妇的妆容那样俗气)。琴瑟在御(弹奏),莫不静好,才陈(陈列、摆设)便得天趣。

7·090《蔡中郎传》(指元杂剧《蔡伯喈琵琶记》),情思逶迤。《北西厢记》(指元代王实甫所著《西厢记》),兴致流丽。学他描神写景,必先细味沉吟，如曰寄趣本头（仅关注情节中的趣味），空博（博得）风流种子（风流的想法）。

7·091 夜长无赖，徘徊蕉雨半窗，日永（白日时长）多闲，打叠（收拾、安排）桐阴一院。

7·092 雨穿寒砌，夜来滴破愁心。雪洒虚窗，晓去散开清影。

7·093 春夜宜苦吟，宜焚香读书，宜与老僧说法，以销艳思（消除心中艳俗之思）。夏夜宜闲谈，宜临水枯坐（默坐），宜听松声冷韵，以涤烦襟（胸中的烦闷）。秋夜宜豪游，宜访快士，宜谈兵说剑，以除萧瑟。冬夜宜茗战，宜酌酒说《三国》《水浒》《金瓶梅》诸集，宜箸（筷子夹）竹肉（即竹菰），以破孤岑（孤独岑寂）。

7·094 玉之在璞（内中包裹着玉的石头），追琢则珪璋（玉制的礼器。此指精美的玉器）。水之发源，疏浚则川沼。

7·095 山以（因为）虚（虚心）而受，水以实（充实）而流，读书当作如是观（理解）。

7·096 古之君子，行无友，则友松竹。居（居处）无友，则友云山（指远离尘世的地方，隐者或出家的居处）。余无友，则友古之友松竹、友云山者。

7·097 买舟载书，作无名钓徒。每当草蓑（穿上草编的蓑衣）月冷，铁笛霜清，觉张志和（唐代诗人，隐居江湖，自号烟波钓徒）、陆天随（即陆龟蒙）去人未远。

7·098“今日鬓丝禅榻畔，茶烟轻飏落花风。”（语出唐代诗人杜牧《题禅院》）此趣惟白香山（即白居易）得之。

7·099 清姿如卧云餐雪，天地尽愧其尘污。雅致如蕴玉含珠（蕴藏的宝玉和含而不露的珍珠），日月转（反而）嫌其泄露（显露光芒）。

7·100 焚香啜茗，自是吴中（指吴地，泛指江南地区）习气，雨窗却不可少。

7·101 茶取色臭俱佳，行家偏嫌味苦。香须冲淡（冲和、淡泊）为雅，幽人最忌烟（焚香的烟雾）浓。

7·102 朱明之候（夏季的时候），绿阴满林，科头散发（不戴帽子、披散头发），箕踞白眼（用阮籍以青白眼看人之典），坐长松下，萧骚（风吹树木的声音）流觞，正是宜人疏散（适合人们闲散消暑）之场。

7·103 读书夜坐，钟声远闻，梵响（念经诵佛之声）相和，从林端（树林边）来，洒洒（连绵不绝）窗几上，化作天籁虚无矣。

7·104 夏日蝉声太烦，则弄箫随其韵转。秋冬夜声寥飒（寂寥而萧瑟冷落），则操琴一曲咻（xiū，喧扰）之。

7·105 心清鉴底（即“见底”）潇湘（湘江）月，骨冷禅中（坐禅的时候感到彻骨的寒冷）太华（西岳华山）秋。

7·106 语鸟（善啼鸣的鸟）名花，供四时之吟啸。清泉白石，成（成就）一世之幽怀。

7·107 扫石烹泉，舌底朝朝（天天）茶味，开窗染翰（以笔蘸墨），眼前处处诗题。

7·108 权轻势去，何妨张雀罗于门前（大门前可以张网捕鸟，形容门庭冷落）。位高金多，自当效蛇行于郊外。盖炎凉世态，本是常情，故人所浩叹（长吁短叹），惟宜付之冷笑耳。

7·109 溪畔轻风，沙汀（水边平地、水中小洲）印月，独往闲行，尝喜见渔家笑傲。松花酿酒，春水煎茶，甘心藏拙，不复问人世兴衰。

7·110 手抚长松，仰视白云，庭空鸟语，悠然自欣。

7·111 或夕阳篱落，或明月帘栊（窗帘和窗牖，也泛指门窗的帘子），或雨夜联榻（把床并在一起），或竹下传觞（传酒杯，指和朋友一起喝酒），或青山当（对着）户，或白云可（飘满）庭。于斯时也，把臂（握手）促膝，相知几人，谑语（开玩笑）雄谈，快心千古。

7·112 疏帘清簟，销白昼惟有棋声。幽径柴门，印苍苔只容屐齿。

7·113 落花慵扫，留衬苍苔，村酿新篘（新酿出的酒。篘：chōu，用竹编成的滤酒器具。此指酒），取烧红叶。

7·114 幽径苍苔，杜门谢客，绿阴清昼（绿荫清凉的白天），脱帽观诗。

7·115 烟萝挂月，静听猿啼，瀑布飞虹，闲观鹤浴。

7·116 帘卷八窗（四壁窗户帘卷而轩敞，室内通彻明亮），面面云峰送碧。塘开半亩，潇潇烟水涵清。

7·117 云衲高僧，泛水登山，或可借以点缀。如必莲座说法，则诗酒之间，自有禅趣，不敢学苦行头陀（即苦行僧），以作死灰。

7·118 遨游仙子，寒云几片束（准备）行装。高卧幽人，明月半床供枕簟。

7·119 落落（孤高）者难合（难以投合），一合便不可分，欣欣者易亲，乍（刚刚）亲忽然成怨。故君子之处世也，宁风霜自挟（迎着困难自己坚持），无鱼鸟亲人（像缸中鱼、笼中鸟一样亲附依赖于人）。

7·120 海内殷勤（感情深厚），但读《停云》之赋（指晋代陶渊明的诗《停云》），目中寥廓，徒（白白地）歌明月之诗（指《诗经·陈风·月出》）。

7·121 生平愿无恙者四：一曰青山，一曰故人，一曰藏书，一曰名草。

7·122 闻暖语如挟纩（穿着绵衣，亦以喻受人抚慰而感到温暖。纩：kuàng，棉絮。此指棉衣），闻冷语如饮冰，闻重语如负山，闻危语如压卵，闻温语如佩玉，闻益语如赠金。

7·123 旦起理花，午窗剪茶，或截草作字（拼成字形），夜卧忏罪，令一日风流萧散（即潇洒）之过，不致堕落。

7·124 快欲（快意地满足欲望）之事，无如（没有能比上）饥餐。适情之时，莫过甘寝（甜美地安睡）。求多于清欲，即侈汰（同“侈泰”，奢侈无度）亦茫然也。

7·125 客来花外茗烟低，供销白昼。酒到梁间歌雪（唱《白雪》之歌）绕，不负清尊（即“清樽”，指清酒）。

7·126 云随羽客（神仙或方士），在琼台双阙（古代宫殿、寺庙、陵墓门前两边高台上的建筑）之间。鹤唳芝田，正桐阴灵虚（凤凰栖息的梧桐树荫和太虚仙境，泛指仙境）之上。

卷八　集奇

【导读】

本卷中的“奇”不应简单理解为表面上“奇怪”或者“奇异”，这种刻意求得之“奇”，是和作者冲淡平和的美学追求与精神追求相违背的。本卷中作者表达的“奇”是精神层面的，可以理解为与众不同、超凡脱俗，与本书其他卷表现出了相通的情感倾向。既然如此，那为何又要为“奇”单列一卷呢？这就要从作者的心理状态来理解。

身处乱世，身为一个有节操、有思想的真性情读书人，如果想要坚守自己道德和理想方面的追求，就绝不可以随波逐流，与世事同污。相反，一定要做到“出淤泥而不染”，出尘而独立。于是以世俗之眼光观之，在尘俗之人看来，君子之所观、所思、所为，自然表现出一个“奇”字。

正是君子之“奇”，决定了君子必然是孤独的。在中西方文化中，都有“孤独者”的形象，他们或是先于世人觉醒的思想者，或是反抗世事的斗争者，更多的是像作者一样不甘沉沦却又无力反抗的隐士。他们无法得到世俗的理解，就只能将自己的心意托付于“奇”而已。

如此细细读来，让人不禁慨叹。

我辈寂处窗下，视一切人世，俱若蠛蠓（miè měng，小蠓虫，吸食人畜之血）婴媿（婴儿刚出生时丑陋的样子），不堪寓目。而有（读到）一奇文怪说，目数行下，便狂呼叫绝，令人喜，令人怒，更令人悲。低徊数过（几回），床头短剑亦呜呜作龙虎吟，便觉人世一切不平，俱付烟水（像烟雾和流水一样散去）。集奇第八。

8·001 吕圣功之不问朝士名（吕蒙正，字圣功，北宋三任宰相。朝士：朝廷之士，指中央官员），张师亮（张齐贤，字师亮，北宋宰相）之不发窃器奴，韩稚圭（韩琦，字稚圭，北宋宰相）之不易持烛兵，不独雅量过人，正是用世（对待世事）高手。

8·002 花看水影，竹看月影，美人看帘影（看美人要看其在珠帘后面的影子）。

8·003 佞佛（媚佛；讨好于佛。后为迷信佛教之称）若可忏罪，则刑官无权。寻仙（寻仙求道）若可延年，则上帝无主。达士尽其在我（完全在于自己把握自己的命运），至诚贵于自然。

8·004 以货财害子孙，不必操戈入室（拿着兵器进入房间，公开杀害对手）。以学校（此指不良的学校教育）杀后世，有如按剑伏兵（以手抚剑，伺机袭击敌人）。

8·005 君子不傲人以（因为）不如（不如自己），不疑人以不肖（没有才能、没有出息）。

8·006 读诸葛武侯（诸葛亮）《出师表》而不堕泪者，其人必不忠。读韩退之（韩愈）《祭十二郎文》而不堕泪者，其人必不友（友爱）。

8·007 世味非不浓艳，可以淡然处之。独天下之伟人与奇物，幸一见之，自不觉魄动心惊。

8·008 道上红尘，江中白浪（形容旅途和人生中的辛劳与险恶），饶他南面（面朝南。此指统治）百城（形容管辖的地域很大）。花间明月，松下凉风，输我北窗一枕（在北窗下睡一觉，指悠闲自在的隐居生活）。

8·009 立言亦何容易（著书立说谈何容易），必有包天、包地、包千古、包来今（未来）之识；必有惊天、惊地、惊千古、惊来今之才；必有破天、破地、破千古、破来今之胆(胆识)。

8·010 圣贤为骨,英雄为胆,日月为目,霹雳为舌。

8·011 瀑布天落,其喷也珠,其泻也练(飞泻而下宛若白色的丝绢),其响也琴。

8·012 平易近人,会见神仙济度。瞒心昧己(违背自己的良心做坏事),便有邪祟出来。

8·013 佳人飞去还奔月(指嫦娥奔月的传说),骚客狂来欲上天。

8·014 涯如沙聚,响若潮吞。

8·015 诗书乃圣贤之供案(供桌),妻妾乃屋漏(此指屋中幽深、昏暗,不为外人所知之处)之史官(指妻妾会记得丈夫在生活中的隐私行为)。

8·016 强项(硬脖子,比喻为人刚直不阿)者未必为穷(困境)之路,屈膝者未必为通(通达)之媒。故铜头铁面,君子落得做个君子;奴颜婢膝,小人枉自做了小人。

8·017 有仙骨者,月亦能飞(飞升)。无真气者,形终如槁。

8·018 一世穷根(穷困的根源),种在一捻(一点点)傲骨。千古笑端(取笑的由头;笑料),伏(藏)于几个残牙(指口中言语)。

8·019 石怪常疑虎(被怀疑为老虎),云闲却类僧。

8·020 人豪杰,舍己为人。小丈夫,因人(依靠别人)利己。

8·021 一段世情,全凭冷眼(冷静客观的眼光)觑破(看破、识破)。几番幽趣,半从热肠换来。

8·022 识尽世间好人,读尽世间好书,看尽世间好山水。

8·023 舌头无骨,得言句之总持(总管)。眼里有筋(筋脉),具游戏(指生活于人世间)之三昧。

8·024 群居闭口,独坐防心(防止内心产生杂念、邪念)。

8·025 当场傀儡(在人前只能被人操纵,不能自主),还我为之(人后我依然做回自己)。大地众生,任渠(他们)笑骂。

8·026 三徙成名,笑范蠡碌碌浮生,纵扁舟忘却五湖风月。一朝解绶(解下印绶,指辞去官职),羡渊明飘飘遗世(超脱尘世、避世隐居),命巾车（有帷帐的车）归来（回乡）满室琴书。

8·027 人生不得行胸怀（实现胸中的抱负），虽寿百岁，犹夭（夭折，未成年就死去）也。

8·028 棋能避世，睡能忘世。棋类（像）耦耕（两个人在一起耕地。耦：ǒu）之沮溺（《论语》中记载的春秋时一起耕种的隐士长沮、桀溺），去一不可。睡同御风之列子（列御寇，人称列子，战国时郑国人），独往独来。

8·029 以一石一树与人者，非佳子弟。

8·030 一勺水，便具四海水味，世法（佛教语，指世间一切生灭无常的事物）不必尽尝。千江月，总是一轮月光，心珠（佛教语，指清静如明珠的心性）宜当独朗（朗照）。

8·031 面上扫开十层甲（指伪装或假面具），眉目才无可憎。胸中涤去数斗尘，语言方觉有味。

8·032 愁非一种，春愁则天愁地愁。怨有千般，闺怨则人怨鬼怨。天懒云沉，雨昏花蹙（cù，皱眉、收缩），法界岂少愁云。石颓（崩坏，倒塌）山瘦，水枯木落，大地觉多窘况。

8·033 笋含禅味，喜坡仙玉版之参。石结清盟，受米颠（米芾的别号）袍笏（锦袍和象笏，指官员正式的装束）之辱。

8·034 文如临（临摹）画，曾致诮于昔人（前人）。诗类书抄（作诗好像辑录古书），竟沿流（延续流传）于今日。

8·035 缃绨（xiāng tí，浅黄色的丝质书套。此指书籍）递满（顺次堆满）而改头换面，兹律（这些书的真谛）既湮。缥帙（piǎo zhì，浅青色的书套。此指书籍）动盈（动辄堆满）而活剥生吞，斯风（这种读书的风气）亦坠（下等）。

8·036 先读经，后可读史。非作文，未可作诗。

8·037 俗气入骨，即吞刀刮肠，饮灰洗胃（比喻彻底地改过自新），觉俗态之益呈（更加显现出来）。正气效灵（显灵），即刀锯在前，鼎镬（有足的锅和无足的锅。此指烹刑）具后，见英风（英伟杰出的气概）之益露。

8·038 于琴得道机（出尘修道的玄机），于棋得兵机（用兵的机谋），于卦得神机（对未来的神奇预见），于药得仙机（得道成仙的机会）。

8·039 相禅（两人先后禅让）遐（远）思唐虞（传说上古陶唐氏，即尧，把帝位禅让给有虞氏，即舜。舜年老后又把帝位禅让给了禹），战争（谈到战争）大笑楚汉（指西楚霸王项羽与汉王刘邦争夺天下的战争）。梦中蕉鹿犹真，觉后莼鲈亦幻。

8·040 世界极（穷极）于大千，不知大千之外更有何物。天宫极于非想，不知非想之上毕竟何穷。

8·041 千载奇逢（奇遇），无如好书良友。一生清福，只在茗碗（茶碗）炉烟。

8·042 作梦则天地亦不醒，何论文章？为客则洪濛（天地形成前的混沌状态）无主人，何有章句（指文章）？

8·043 艳出（超过）浦（水边）之轻莲（粉红的莲花），丽穿波（透过波光）之半月（弯月）。

8·044 云气恍堆窗里岫，绝胜（远远超过）看山。泉声疑泻竹间樽，贤于对酒（比喝酒更好）。

8·045 杖底唯云，囊中唯月，不劳关市（关口所设的市场。此指关口）之讥（查问，稽查）。石笥（sì，书箱）藏书，池塘洗墨，岂供山泽（山河）之税。

8·046 有此世界，必不可无此传奇（指戏曲）。有此传奇，乃可维（维系）此世界，则传奇所关（涉及）非小，正可借《西厢》一卷，以为风流谈资。

8·047 非穷愁（不到穷困愁苦的程度）不能著书，当孤愤不宜说剑（谈刀论剑）。

8·048 湖山之佳，无如清晓（天刚亮的时候）春时。当乘月至馆，景生残夜，水映岑楼（高楼），而翠黛（青黑色）临阶，吹流衣袂，莺声鸟韵，催起（起床）哄然（闹哄哄的样子）。披衣步林中，则曙光薄户（迫近门户），明霞射几（几案），轻风微散，海旭（海上初升的太阳）乍来。见沿堤春草霏霏（浓密盛多），明媚如织，远岫朗润出林（高出山林），长江浩渺无涯，岚光晴气(晴日山间雾气经日光照射而发出的光彩),舒展不一,大是奇绝。

8·049 心无机事,案有好书,饱食晏眠(安眠),时清体健,此是上界真人(指成仙得道之人)。

8·050 读《春秋》,在人事上见天理(天道;自然法则)。读《周易》,在天理上见人事。

8·051 则何益矣,茗战(斗茶)有如酒兵(斗酒)。试妄言之(随便说说),谈空(讨论佛教中的"空"与"有"的问题)不若说鬼。

8·052 镜花水月,若使慧眼看透。笔彩剑光,肯教(岂能)壮志销磨。

8·053 烈士须一剑,则芙蓉(指利剑)赤精(赤山之铁制成的宝剑,曰"赤山精"),亦不惜千金购之。士人惟寸管(毛笔),映日干云(映照日光,高耸入云,指崇山峻岭中)之器,那(哪)得不重价相索(索求)。

8·054 委形无寄(人的形体没有寄托),但教鹿豕为群(指隐居山林)。壮志有怀,莫遣草木同朽。

8·055 哄日吐霞,吞河漱月(洗涤明月),气开(气势开阔)地震,声动天发。

8·056 议论先辈,毕竟没学问之人。奖惜(奖掖、爱惜)后生,定然关世道之寄(社会寄予的希望)。

8·057 贫富之交,可以情谅,鲍子(指春秋时齐人鲍叔牙)所以让金。贵贱之间,易以势移,管宁所以割席。

8·058 论名节,则缓急之事小。较生死,则名节之论微。但知为饿夫以采南山之薇,不必为枯鱼以需西江之水。

8·059 儒有一亩之宫(宅院),自不妨草茅下贱(甘居草野身处下贱)。士无三寸之舌,何用此土木形骸(指人不加修饰的本来面目)。

8·060 鹏为羽杰(鸟类中的豪杰),鲲称介豪(鱼类中的豪杰),翼遮半天,背负重霄。

8·061"怜"之一字,吾不乐受,盖有才而徒受人怜,无用可知。"傲"之一字,吾不敢矜(自夸),盖有才而徒以资傲(增长傲气),无用可知。

8·062 问近日讲章（讲解经书的讲义）孰佳，坐一块蒲团自佳。问吾侪（我们同辈中）严师孰尊，对一枝红烛自尊。

8·063 点破无稽不根（无从考证，没有根据）之论，只须冷语半言。看透阴阳颠倒之行，惟此冷眼一只。

8·064 古之钓也，以圣贤为竿，道德为纶（鱼线），仁义为钩，利禄为饵，四海为池，万民为鱼。钓道（指理政治民之术）微（势微）矣，非圣人其孰能之？

8·065 既梢（树梢）云（入云）于清汉（霄汉，天空），亦倒影于华池。

8·066 浮云回度，开月影（云分而月出）而弯环。骤雨横飞，挟星精（星星的灵动之气）而摇动。

8·067 天台（浙江天台山）嵥（jié，高耸独立）起，绕之以赤霞（即“赤城栖霞”，天台山八景之一）。削成（陡峭如刀削）孤峙（孤山耸峙），覆之以莲花（莲花状的山石）。

8·068 金河（即大黑河，在今内蒙古境内）别雁，铜柱辞鸢（喻指遭遇危难而有所感悟），关山夭骨（边境上埋葬着戍边将士的白骨），霜露凋年。

8·069 翻光（霞光随着波浪翻飞）倒影，擢（zhuó，拔。此指生长耸立）菡萏（hàn dàn，荷花）于湖中。舒艳腾辉，攒螮蝀（dì dōng，彩虹）于天畔。

8·070 照万象于晴初，散寥天于日余（夕阳）。

卷九 集绮

【导读】

“绮”字的本义是细绫，是一种有花纹的丝织品；引申义是华丽、美丽、精美。从字面上看来，似乎跟前文卷五的“素”的审美倾向是矛盾的，只有细细地阅读、思考，才能发现两者之间共通的思想感情。其实作者也怕读者不能去深入体味“绮”卷的内涵，真正理解他的心意，反而被表象的“绮丽”迷惑了。所以作者在卷首语中就解释了他心中的“绮”。

作者首先列举了绮丽之景：“朱楼绿幕，笑语勾别座之香；越舞吴歌，巧舌吐莲花之艳。”这样的情景让人不由地心驰神往，欣喜不已。可作者接着又说，如果那些美女们都是愁眉苦脸的，与在座之人保持着距离，那观者就会黯然神伤了。这是在提醒读者，这些绮丽醉人的场面，其实都是浮于表面的，热闹繁华背后，都是强颜欢笑。因此作者最后说道：“嗟乎！又何怪乎身当其际者，拥玉床之翠而心迷，听伶人之奏而陨涕乎?”不要去怪那些对绮丽之景心醉神迷之人——这样的情景实在太迷人了。

再仔细看看“绮”卷的具体文本，作者除了在少数条目中写到了宴乐、闲游之景，大部分条目写的都是自然烟霞中的景色优美之“绮丽”、朋友交往中的情感真挚之“绮丽”、隐居山林的生活闲适之“绮丽”，让读者体会到什么才是作者心中真正幸福的生活。

如此观之，“素”卷和“绮”卷在思想上都是统一的，是从正反两个方面提醒世人，不要迷失于荣华富贵、绮丽浓郁，而要在素净清雅中求得内心的平静。

朱楼绿幕（指歌舞娱乐之所），笑语勾（招引）别座之春（其他座位上的美艳女子）；越舞吴歌，巧舌吐莲花之艳。此身如在怨脸愁眉，红妆翠袖（指精心打扮的美女）之间，若远若近，为之黯然。嗟乎！又何怪乎身当其际（身临其境）者，拥玉床之翠（指美女）而心迷，听伶人（古时候对演戏、唱歌、奏乐的演员的称呼）之奏而陨涕（落泪）乎？集绮第九。

9·001 天台花好，阮郎却无计再来。巫峡云深（用楚怀王梦遇巫山女神之典），宋玉只有情空赋。瞻碧云之黯黯，觅神女其何踪。睹明月之娟娟（明亮），问嫦娥而不应。

9·002 妆楼正对书楼，隔池有影（两人身影相望）。绣户（绣房之门）相通绮户（书房之门），望眼多情。

9·003 莲开并蒂（形容夫妻恩爱），影怜池上鸳鸯。缕结同心（喻指结婚），日丽（日光灿烂）屏间孔雀。

9·004 堂上鸣《琴操》（古琴曲名），久弹乎《孤凤》（古琴曲名）。邑中制锦纹，重织于双鸾（指夫妻团圆双鸾齐飞）。

9·005 镜想分鸾（临镜生悲之意），琴悲别鹤（指琴曲《别鹤操》，代指夫妻分离）。

9·006 春透水波明，寒峭花枝瘦。极目烟中百尺楼，人在楼中否？

9·007 明月当楼，高眠如避（避世），惜哉夜光（夜明珠）暗投（即明珠暗投。在此比喻贵重的东西没有落到识货人的手里）。芳树交窗（伸入窗花），把玩无主（无人欣赏），嗟矣（叹息）红颜薄命。

9·008 鸟语听其涩（未经训练的鸟鸣生硬、不流畅）时，怜娇情（柔情）

之末啭(zhuàn,鸟婉转地鸣叫)。蝉声听已断处,愁孤节(孤高的节操)之渐消。

9·009 断雨断云(即雨断云销,比喻男女恩情断绝),惊魄三春蝶梦(喻指迷离恍惚的梦境)。花开花落,悲歌一夜鹃啼(形容哀痛极深)。

9·010 衲子飞觞(杯觥交错)历乱(纷乱、杂乱),解脱于樽斝(jiǎ,古代酒器)之间。钗行(妇女)挥翰淋漓,风神(风采神态)在笔墨之外。

9·011 养纸芙蓉粉(保养纸张的一种粉剂),薰衣豆蔻香(豆蔻制的香料)。

9·012 流苏帐底,披之而夜月窥人。玉镜台(指梳妆台)前,讽(吟诵)之而朝烟萦树。

9·013 风流夸坠髻(即坠马髻),时世闻啼眉(即啼眉妆)。

9·014 新垒桃花红粉(女子用胭脂和香粉化妆)薄,隔楼芳草(香草,喻指忠贞贤德之人)雪衣(指白色衣服)凉。

9·015 李后主宫人秋水(南唐李后主宫中叫秋水的宫女),喜簪(在头上插戴)异花,芳拂髻鬟,尝有粉蝶聚其间,扑之不去。

9·016 濯足清流,芹香飞涧。浣花新水,蝶粉迷波。

9·017 昔人有花中十友:桂为仙友,莲为净友,梅为清友,菊为逸友,海棠名友,荼蘼(tú mí,人们认为"荼蘼花开"是一年花季的终结)韵友,瑞香殊友,芝兰芳友,腊梅奇友,栀子禅友。昔人有禽中五客:鸥为闲客,鹤为仙客,鹭为雪客,孔雀南客,鹦鹉陇客。会花鸟之情,真是天趣活泼。

9·018 凤笙龙管(指笙和笛两种乐器),蜀锦(四川出产的彩锦)齐纨(齐地出产的白丝绢)。

9·019 木香(木香花)盛开,把杯独坐其下,遥令青奴(小侍女)吹笛,止(只)留一小奚(小奚奴、小男仆)侍酒,才少(稍)斟酌,便退立迎春架后。花看半开,酒饮微醉。

9·020 夜来月下卧醒,花影零乱,满人襟袖,疑如濯魄(洗涤灵魂)于冰壶。

9·021 看花步，男子当作女人（像女子一样轻盈缓慢）。寻花步，女子当作男人（像男子一样迅捷有力）。

9·022 窗前俊石泠然（清凉），可代高人把臂（挽住手臂，表示亲密）。槛外名花绰约，无烦美女分香（香气）。

9·023 新调初裁（曲调刚刚谱成），歌儿（歌女）持板待韵（拿着歌板等待文人分韵填词而演唱）；阄题（用抓阄的方式确定填词时用的韵）方启，佳人捧砚濡毫（将毛笔蘸好了墨汁）。绝世风流，当场豪举。

9·024 野花艳目，不必牡丹。村酒醉人，何须绿蚁（代指新酿的酒，也指好酒）。

9·025 石鼓（泛指文物古迹）池边，小草无名可斗（斗草）。板桥柳外，飞花有阵堪题（形成阵势，值得题咏）。

9·026 桃红李白，疏篱（稀疏的篱笆）细雨初来。燕紫莺黄，老树斜风乍（刚）透。

9·027 窗外梅开，喜有骚人弄笛。石边雪积，还须小妓烹茶。

9·028 高楼对月，邻女秋砧（即捣衣）。古寺闻钟，山僧晓梵（指吟诵佛经）。

9·029 佳人病怯（病后虚弱），不耐春寒。豪客多情，犹怜夜饮。李太白之宝花宜障，光孟祖之狗窦堪呼。

9·030 古人养笔以硫黄酒，养纸以芙蓉粉，养砚以文绫盖，养墨以豹皮囊。小斋何暇（哪里能空闲）及此！惟有时书以养笔，时磨以养墨，时洗以养砚，时舒卷以养纸。

9·031 芭蕉近日则易枯，迎风则易破。小院背阴，半掩竹窗，分外青翠。

9·032 欧公香饼（欧阳修用来焚香的、加工成饼状的石炭），吾其爇火无烟。颜氏隐囊（北齐颜之推在《颜氏家训》中所记载的软囊靠枕），我则斗花（古代女子和孩童春季比赛收集美丽鲜花的游戏）以布（指用漂亮的画布制作的靠枕来参加斗花）。

9·033 梅额（指梅花妆）生香，已堪饮爵（饮酒）。草堂飞雪，更可题诗。七种之羹(七宝羹,七种菜蔬拌米粉所做的羹,旧俗正月初七食用),呼起袁生之卧。六花之饼(六瓣的雪花),敢迎王子(王子猷,东晋书法家王羲之的儿子)之舟。豪饮竟日(终日),赋诗而散。佳人半醉,美女新妆。月下弹琴,石边侍酒。烹雪之茶,果然剩有寒香。争春之馆,自是堪(可以)来花叹。

9·034 黄鸟让(谦让、认输)其声歌,青山学其眉黛。

9·035 浅翠娇青,笼烟惹湿。清可漱齿,曲可流觞。

9·036 风开柳眼,露浥(yì,湿润)桃腮,黄鹂呼春,青鸟送雨,海棠嫩紫,芍药嫣红,宜其春(春日游赏)也。碧荷铸钱(像新铸出的钱),绿柳缫丝(柳条像刚缫出的丝一般柔嫩。缫:sāo),龙孙(笋的别称)脱壳,鸠妇(指雌斑鸠)唤晴,雨骤黄梅,日蒸绿李(李子),宜其夏也。槐阴未断,雁信初来,秋英(秋天的花)无言,晓露欲结,蓐收(古代传说中的西方神,掌管秋天)避席(离开坐席。此指离去),青女(传说中掌管霜雪的女神。此指霜雪)办妆,宜其秋也。桂子风高,芦花月老,溪毛(溪边野草)碧瘦,山骨苍寒,千岩见梅,一雪欲腊(腊月),宜其冬也。

9·037 风翻贝叶,绝胜北阙除书(朝廷拜官授职的文书)。水滴莲花,何似华清宫漏(滴漏,古时的一种计时工具)。

9·038 画屋曲房,拥炉列坐。鞭车行酒(依次斟酒),分队征歌(赛歌)。一笑千金,樗蒲(古代的一种博戏,后世泛指赌博。樗:chū)百万。名妓持笺,玉儿捧砚。淋漓挥洒,水月流虹。我醉欲眠,鼠奔鸟窜。罗襦(luó rú,绸制短衣)轻解,鼻息如雷。此一境界,亦足赏心。

9·039 柳花(柳絮)燕子,贴地欲飞;画扇练裙(白绢裙。此指穿着白绢裙的女子),避人欲进,此春游第一风光也。

9·040 花颜缥缈,欺(胜过)树里之春风。银焰荧煌(辉煌),却(退去)城头之晓色。

9·041 乌纱帽挟红袖(指美貌的妓女)登山,前人自多风致。

9·042 笔阵生云(书法笔画布局气韵生动),词锋(犀利的文笔或者口才)卷雾。

9·043 楚江(长江)巫峡半云雨,清簟疏帘看弈棋。

9·044 美丰仪人(身姿容貌美好的人),如三春新柳,濯濯(明净清新的样子)风前。

9·045 涧险无平石,山深足细泉。短松犹百尺,少(年少的)鹤已千年。

9·046 清文满箧(qiè,箱子),非惟(只,仅)芍药之花(指言情的文学作品)。新制连篇(文章),宁止(难道都是)葡萄之树(像芳醇的葡萄酒一样让人沉醉吗)?

9·047 梅花舒两岁之装(梅花舒展开新旧两年的装束。梅花花期跨两个年度,故有此说),柏叶泛三光之酒(古人认为柏树的叶子吸收了日月星三光的精华,用之浸酒,正月初一饮用,以祝寿和避邪)。飘摇余雪,入箫管以成歌。皎洁轻冰,对蟾光(月色、月光)而写镜。

9·048 鹤有累心(尘世之心)犹被斥,梅无高韵也遭删。

9·049 分果车中,毕竟借人家面孔(指沾别人的光捞得好处)。捉刀床侧,终须露自己心胸(指展现出自己的精神面貌)。

9·050 雪滚花飞,缭绕歌楼,飘扑僧舍,点点共酒旆(即酒旗。旆:pèi)悠扬,阵阵追燕莺飞舞。沾泥逐水,岂特(只)可入诗料(作为写诗的素材),要知色身(即肉身)幻影,是即风里杨花,浮生燕垒(比喻脆弱的据点,亦指栖身之所)。

9·051 水绿霞红处,仙犬忽惊人,吠入桃花去。

9·052 九重仙诏,休教丹凤衔来。一片野心(即避世隐逸之心),已被白云留住。

9·053 香吹梅渚(开满梅花的水中小洲)千峰雪,清映冰壶(指月光照耀下万物都显得晶莹剔透)百尺帘。

9·054 避客偶然抛竹屦(竹鞋,泛指鞋。屦:jù),邀僧时(时常)一上花船(旧指载有歌妓招客之船)。

9·055 到来都是泪,过去即成尘。秋色生鸿雁,江声冷白苹。

9·056 斗草春风,才子愁销书带(麦冬草,传说东汉经学大师郑玄门下用之束书，故称书带草）翠。采菱秋水，佳人疑动镜花香。

9·057 竹粉（笋壳脱落时附着在竹节旁的白色粉末）映琅玕（指翠竹）之碧，胜新妆流媚，曾无掩面于花宫（花神居住的宫殿）。花珠凝翡翠之盘，虽什袭（重重包裹，形容郑重珍藏）非珍，可免探颔于龙藏。

9·058 因花整帽，借柳维（系住）船。

9·059 绕梦落花消雨色，一尊芳草送晴曛（落日的余晖）。

9·060 争春开宴，罢来花有叹声。水国（水乡）谈经，听去鱼多乐意。

9·061 无端泪下，三更山月老猿啼。蓦地娇来，一月泥香新燕语。

9·062 燕子刚来，春光惹恨。雁臣（指大雁）甫聚（刚刚聚集），秋思惨人。

9·063 韩嫣（西汉高官，汉武帝时官至上大夫）金弹，误了饥寒人多少奔驰。潘岳果车，增了少年人多少颜色。

9·064 微风醒酒，好雨催诗，生韵生情，怀颇不恶。

9·065 苎罗村（西施的出生地。苎：zhù）里，对娇歌艳舞之山（指西施家乡的若耶山）。若耶溪边，拂浓抹淡妆之水。

9·066 春归何处，街头愁杀卖花。客落他乡，河畔生（最、很）憎折柳（折取柳枝送别）。

9·067 论到高华（高贵显要），但（只）说黄金能结客（结交宾客，常指结交豪侠之士）。看来薄幸，非关（不是因为）红袖懒撩人。

9·068 同气之求（喻指志趣、意见相同的人互相响应，自然地结合在一起），惟刺平原于锦绣。同声之应，徒铸子期以黄金。

9·069 胸中不平之气，说倩山禽（请山中禽鸟听我诉说）。世上叵测之机，藏之烟柳。

9·070 袪（通“祛”。除去）长夜之恶魔，女郎说剑。销千秋之热血，学士谈禅。

9·071 论声之韵者，曰溪声、涧声、竹声、松声、山禽声、幽壑声、芭蕉雨声、落花声，皆天地之清籁，诗坛之鼓吹（鼓吹乐曲，古代的一种器乐和奏，泛指音乐）也，然销魂之听，当以卖花声为第一。

9 • 072 石上洒花，几片湿云凝夜色。松间人语，数声宿鸟（睡着的鸟）动朝喧（清晨鸟鸣）。

9 • 073 媚字极韵，出以清致，则窈窕俱见风神，附以妖娆，则做作毕露丑态。如“芙蓉媚秋水”，“绿筿媚清涟”，方不着迹（才能不留俗迹）。

9 • 074 武士无刀兵气，书生无寒酸气，女郎无脂粉气，山人无烟霞气（山水清润的气息，多形容隐逸之士的气度品格），僧家无香火气，换出一番世界（全新境界），便为世上不可少之人。

9 • 075 情词之娴美，《西厢》以后，无如（没有能比得上）《玉合》（明代梅鼎祚所著传奇剧《玉合记》）《紫钗》（明代汤显祖所著传奇剧《紫钗记》）《牡丹亭》三传。置之案头，可以挽文思之枯涩，收神情之懒散。

9 • 076 俊石贵有画意，老树贵有禅意，韵士贵有酒意，美人贵有诗意。

9 • 077 红颜未老，早随桃李嫁春风。黄卷（书籍）将残（快要被翻破），莫向桑榆怜暮景（凄凉晚景）。

9 • 078 销魂之音，丝竹不如着肉（歌声）。然而风月山水间，别有清魂（纯洁的心灵）销（沉浸）于清响（清朗动听的音乐），即子晋（王子晋，传说为周灵王太子）之笙，湘灵（传说中的湘水之神）之瑟，董双成（传说中西王母的侍女）之云璈（古代乐器），犹属下乘（下等）。娇歌艳曲，不尽（更加）混乱耳根？

9 • 079 风惊蟋蟀，闻织妇之鸣机，月满蟾蜍，见天河之弄杼（指银河里的织女星在织布）。

9 • 080 高僧筒（收藏文稿的竹筒）里送诗，突地天花坠落。韵妓扇头寄画，隔江山雨飞来。

9 • 081 酒有难悬（想象、揣测）之色，花有独蕴之香。以此想红颜媚骨（年轻美丽的女子），便可得之格外（超出常规常理的认识）。

9 • 082 客斋使令（指侍女），翔（盘起头发）七宝妆（装饰多种珠宝的发式），理茶具，响松风于蟹眼（煮茶时第一次沸腾的声音如松林间的风，水面浮起的泡沫则形如螃蟹的眼睛），浮雪花（煮茶时雪白的浮沫）于兔毫（兔毫盏，宋代一种釉面纹理细腻如兔毫的名贵茶盏）。

9·083 绝世风流，当场（公开的）豪举。

9·084 世路既如此，但有肝胆向人（以赤诚之心待人）。清议（周围人的议论、社会舆论）可奈何，曾无（不曾）口舌造业（干坏事）。

9·085 花（烛花）抽渐落，珠（烛泪）悬花更生。风来香转散，风度（过去）焰还轻。

9·086 莹以玉琇（一种像玉的石头。琇：xiù），饰以金英。绿芰悬插，红蕖（qú，荷花）倒生。

9·087 浮沧海兮气浑（气象雄浑），映青山兮色乱（色彩绚烂）。

9·088 纷黄庭（宽大的庭院）之靃靡（草木随风飘摇的样子。靃：huò），隐重廊之窈窕。青陆（指春天）至而莺啼，朱阳（太阳）升而花笑。紫蒂红蕤（ruí，草木的花下垂的样子。此指花），玉蕊苍枝。

9·089 视莲潭之变彩，见松院之生凉。引惊蝉于宝瑟（琴瑟），宿兰燕于瑶筐。

9·090 蒲团布衲（穿僧衣），难于（难在）少时存老去之禅心。玉剑角弓，贵于老时任（自然展现出）少年之侠气。

卷十　集豪

【导读】

“豪”卷，风格上的特征有二：一为直露，相比于其他卷的含蓄之情，本卷的感情表达非常直接明了，可谓是不加掩饰、一览无余；二为动感，不同于阴柔风格的其他各卷以描写静态美为主，本卷以描写动态美为重点，表现出了力的美感。

从思想上来说，本卷体现的是作者心中对文人气节、品格的要求。陈继儒先生生活在明朝末年，正是天下变乱之际。在他的一生之中，看到了名相张居正的起落、魏忠贤阉党和东林党的斗争、后金（清）的崛起、陕北农民起义的兴起……可以说他眼看着大明王朝这座华丽的大厦变得千疮百孔，一步步陷入将倾的危局。

眉公二十九岁就放弃了科举，无意于仕进，之后终身也都远避政治斗争的漩涡：朝廷屡次征召，他皆以疾辞；无锡顾宪成讲学东林书院，招他前去，他亦辞谢不往。这是他明哲保身的智慧体现，也是被当时形势所逼的无奈自保之举。可他一直关心着国家命运、民生疾苦：他曾经为了松江当地的救灾、赋税、海防等有关民生疾苦的问题，多次向朝廷上书，还通过私人关系，将自己的意见和建议送达朝廷高官乃至王锡爵这样的内阁重臣手中，以一介布衣的身份对朝廷的政策施加了影响。不仅如此，在松江地区的灾荒救济中，陈继儒还担任了策划者、组织者甚至执行者的工作，亲自投身到了救灾行动中。

这一切，都是文人品格中“豪”的实际体现，那么何为“豪”？在这一卷中，我们可以看出，首先，“豪”的核心是对君子气节的坚持，也就是自古以来儒家学者所坚持的：“富贵不能淫，贫贱不能移，威武不能屈，此之谓大丈夫。”（《孟子·滕文公下》）

其次，“豪”表现为心理和行为上的洒脱不羁，不被世俗的观念束缚，不在乎外界的议论，坚持自己的看法，随心随性而为，“上马横槊，下马作赋，自是英雄本色。熟读《离骚》，痛饮浊酒，果然名士风流”。

最后，“豪”的洒脱自由来自于心中的无欲无求，放下心中对功名利禄的追求，寄情于山水、经史，以开阔的襟怀来笑对世间的纷扰不平，“胸中无三万卷书，眼中无天下奇山川，未必能文，纵能，亦无豪杰语耳”。

今世矩视尺步（视物和走路都严守规矩，指行为严守规矩，一丝不苟）之辈，与夫守株待兔之流，是不束缚而阱（落入陷阱）者也。宇宙寥寥，求一豪者，安得哉？家徒四壁，一掷千金，豪之胆。兴酣落笔，泼墨千言，豪之才。我才必用，黄金复来，豪之语。夫豪既不可得，而后世倜傥之士，或以一言一字写其不平，又安与沉沉故纸同为销没（消磨无闻）乎！集豪第十。

10·001 桃花马（毛色中有红点的名马）上春衫（代指年轻人），少年侠气。贝叶斋（僧人修禅的斋室）中夜衲，老去禅心。

10·002 岳色江声（山色和江水声），富煞（使之丰富到极点）胸中丘壑。松阴花影，争残局（已下到最后阶段还没有定胜负的棋局）上山河。

10·003 骥虽伏枥，足能千里。鹄（hú，天鹅）即垂翅，志在九霄。

10·004 个个题诗，写不尽千秋（千年）花月。人人作画，描不完大地江山。

10·005 慷慨之气，龙泉（宝剑名，泛指宝剑）知我。忧煎之思，毛颖（毛笔）解人。

10·006 不能用世而故为玩世，只恐遇着真英雄。不能经世而故为欺世，只好对着假豪杰。

10·007 绿酒但倾，何妨易醉。黄金既散，何论复来。

10·008 诗酒兴（兴致）将残，剩却楼头几（几多）明月。登临情不已（停止），平分江上半青山。

10·009 闲行消白日，悬李贺呕字之囊。搔首问青天，携谢朓惊人之句。

10·010 假英雄专映（如口吹物发出的小声音）不鸣之剑（吹剑环头上的小孔，发音微弱而不动听），若尔（这样的）锋芒，遇真人而落胆（胆怯）。穷豪杰惯作无米之炊，此等作用，当大计而扬眉（遇到大事就会扬眉吐气）。

10·011 深居远俗，尚愁移山有文（指南北朝时孔稚珪所作《北山移文》）。纵饮达旦，犹笑醉乡无记（指唐朝王绩所作《醉乡记》）。

10·012 风会（风气）日靡（颓靡），试具宋广平之石肠。世道莫容，请收姜伯约之大胆。

10·013 藜床半穿，管宁真吾师乎。轩冕（古时大夫以上的车乘和冕服。此指居于高位之人）必顾（看），华歆洵（确实、实在）非友也。

10·014 车尘马足（车马奔波，亦喻人世俗事）之下，露出丑形。深山穷谷之中，剩些真影（得道之人的身影）。

10·015 吐虹霓（七色彩虹，比喻人的才华藻绘）之气者，贵挟（带着）风霜（比喻人生的磨难与苦痛）之色。依日月之光（受到长辈或位尊者的照顾）者，毋怀雨露之私（独自沐浴恩泽）。

10·016 清襟（清洁的衣襟，引申为高洁的情怀）凝远（凝重深远），卷秋江万顷之波。妙笔纵横，挽昆仑一峰之秀。

10・017 闻鸡起舞，刘琨其壮士之雄心乎。闻筝起舞，迦叶（摩柯迦叶波，中国禅宗认为迦叶是继承佛法的第一代祖师）其开（开启）士之素心乎？

10・018 友（结交为友）遍天下英杰人士，读尽人间未见之书。

10・019 读书倦时须看剑，英发之气不磨。作文苦际（觉得辛苦的时候）可歌诗，郁结之怀随畅。

10・020 交友须带三分侠气，作人要存一点素心。

10・021 栖守（坚守）道德者，寂寞一时。依阿（攀附阿谀）权势者，凄凉万古。

10・022 深山穷谷（指荒僻之地），能老（使其老去）经济才猷（指具有经世济民才能的人。猷：yóu，计谋、打算、谋划）。绝壑断崖（指荒僻之地），难隐灵文奇字（古代遗传下来的稀少而珍贵的书籍或者文字）。

10・023 王门之杂吹非竽（即滥竽充数），梦连魏阙。郢路之飞声（郢都人都善于唱歌。郢：楚国的都城）无调（唱歌不合音律），羞向楚囚（不好意思面对来自楚国的囚犯）。

10・024 肝胆煦（和煦）若春风，虽囊乏一文，还怜茕独（孤独无依之人）。气骨清如秋水，纵家徒四壁，终傲王侯。

10・025 献策金门（即金马门，汉代官门名，学士待诏之地。此指朝廷）苦未收，归心日夜水东流。扁舟载得愁千斛（hú，中国旧量器名，亦是容量单位，一斛为五斗或十斗），闻说君王不税愁。

10・026 世事不堪（不能）评，掩卷神游千古上。尘氛应可却（推却，退去），闭门（指不与尘世往来）心在万山（借指自然）中。

10・027 负心满天地，辜他一片热肠。恋态（眷恋之态）自古今，悬此两只冷眼。

10・028 龙津一剑，尚作合于风雷。胸中数万甲兵，宁终老于牖下（老死家中。牖：yǒu，窗户）。

10・029 此中空洞原无物，何止容卿数百人。

10・030 英雄未展之雄图，假（假借、凭借）糟丘（酒糟堆积成的山丘，比喻嗜好饮酒)为霸业。风流不尽之余韵，托花谷(借指烟花柳巷、温柔乡)为深山(指高士隐居之地)。

10・031 红润口脂(唇膏)，(宛如)花蕊乍(刚刚)过微雨。翠匀(青翠匀称)眉黛，(好像)柳条徐拂轻风。

10・032 满腹有文难骂鬼，措身(安身)无地反忧天(即"杞人忧天")。

10・033 大丈夫居世，生当封侯，死当庙食(谓死后立庙，受人供奉，享受祭祀)。不然，闲居可以养志，诗书足以自娱。

10・034 不恨(遗憾，不满意)我不见古人，惟恨古人不见我。

10・035 荣枯(喻人世的盛衰)得丧(得失)，天意安排，浮云过太虚(指天、天空)也。用舍行藏，吾心镇定，砥柱在中流乎？

10・036 曹曾(东汉藏书家)积石为仓以藏书，名曹氏石仓。

10・037 丈夫须有远图，眼孔如轮(眼睛睁大，看清楚形势)，可怪处堂燕雀(比喻处于危境而不自知的人)。豪杰宁无壮志，风棱(风骨，指刚正不阿的品格)似铁，不忧当道豺狼(比喻当权得势的坏人)。

10・038 云长香火，千载遍于华夷(指汉族和少数民族，后亦指中国和外国)。坡老(指苏轼)姓名，至今口于妇孺(在妇女儿童口中相传)。意气精神，不可磨灭。

10・039 据床(靠在交椅上)嗒尔(即"嗒然"，形容神游自然、物我两忘的精神境界)，听豪士之谈锋(谈话的机锋)。把盏(拿着酒杯)惺然(清醒的样子)，看酒人之醉态。

10・040 登高远眺，吊古寻幽(凭吊古迹，感受幽韵)，广(增广)胸中之丘壑，游物外(世外，谓超脱于尘世之外)之文章。

10・041 雪霁清境，发于梦想，此间但有荒山大江，修竹古木。每饮村酒(乡野人家自酿的酒)后，曳杖(拖着手杖)放脚(随性而行)，不知远近，亦旷然天真。

10・042 须眉之士在世，宁使乡里小儿怒骂，不当使乡里小儿见怜。

10・043 胡宗宪(明朝名将)读《汉书》，至终军请缨事，乃起拍案曰：

"男儿双脚当从此处插入，其他皆狼藉耳！"

10·044 宋海翁（明代文人宋登春）才高嗜酒，睥睨（此指傲视）当世。忽乘醉泛舟海上，仰天大笑，曰："吾七尺之躯，岂世间凡土所能贮？合（应该）以大海葬之耳！"遂按波而入（纵身跳入水中）。

10·045 王仲祖（晋人王濛）有好形仪（身材相貌），每览镜自照，曰："王文开（王濛之父王讷）那（哪，怎么）生宁馨儿（晋宋时俗语，意思是这样的孩子。后用作对孩子的美称，意思是好孩子）？"

10·046 毛澄（明朝状元）七岁善属对（对对联），诸（那些）喜之者赠以金钱，归掷之（扔回去给他们）曰："吾犹（还）薄（看不起）苏秦斗大（苏秦所佩斗大的金印），安事此邓通（代指钱）靡靡（令人颓靡）！"

10·047 梁公实（梁有誉，"后七子"之一）荐一士于李于麟（李攀龙，"后七子"领袖），士欲以谢梁，曰："吾有长生术，不惜为公授（传授给您）。"梁曰："吾名在天地间，只恐盛着不了（容纳不下），安用长生！"

10·048 吴正子（南宋学者）穷居（隐居不做官）一室，门环流水，跨木而渡（出门的时候用木板架在流水上跨过），渡毕即抽之。人问故，笑曰："土舟（指被水环绕的房子）浅小，恐不胜富贵人来踏耳！"

10·049 吾有目有足，山川风月，吾所能到，我便是山川风月主人。

10·050 大丈夫当雄飞，安能雌伏（像雌鸟一样伏而不飞）？

10·051 青莲（李白）登华山落雁峰，曰："呼吸之气，想（想来）通帝座（通达天帝的宝座）。恨（遗憾）不携谢朓惊人之句来，搔首（抓脑袋，指苦思冥想）问青天耳（问青天有什么好词句来形容眼前的美景）！"

10·052 志欲枭（斩首）逆虏（对叛乱者的蔑称），枕戈待旦（形容杀敌心切，毫不松懈，时刻准备迎战。戈：古代兵器。旦：天亮），常恐祖生（祖逖，东晋大将），先我着鞭（着手进行，开始做）。

10·053 旨言（要言，重要的言论）不显，经济（经世济民的方略）多托之工瞽（古代乐官。瞽：gǔ）刍荛（chú ráo，常作自称的谦辞）。高踪（高贵者的行踪）不落，英雄常混之渔樵耕牧。

10·054 高言成啸虎之风，豪举破涌山（山一样高）之浪。

10·055 立言者，未必即成千古之业，吾取其有千古之心。好客者，未必即尽四海之交，吾取其有四海之愿。

10·056 管城子（指毛笔）无食肉（借指富贵）相，世人皮相（从表面上看）何为？孔方兄（指铜钱）有绝交书，今日盟交安在？

10·057 襟怀贵疏朗，不宜太逞豪华。文字要雄奇，不宜故求（故意追求）寂寞。

10·058 悬榻待贤士，岂曰交情已乎（而已）？投辖留好宾（喻指主人好客留宾），不过酒兴而已。

10·059 才以（凭借）气雄，品由心定。

10·060 为文（写文章）而欲一世之人好，吾悲其为文。为人而欲一世之人好，吾悲其为人。

10·061（书籍）济（渡过）笔海（文学之海）则为舟航，骋（驰骋。这里引申为飞翔）文囿（文学园地）则为羽翼。

10·062 胸中无三万卷书，眼中无天下奇山川，未必能文，纵能，亦无豪杰语耳。

10·063 山（指隐居）厨失斧，断（砍柴）之以剑。客至无枕，解琴（解下挂着的古琴）自供。盥盆（洗脸盆）溃散，磬为注洗（用石磬注水洗漱）。盖（盖被）不暖足，覆之以蓑（蓑衣）。

10·064 孟宗（三国时吴国人，后改名孟仁）少游学，其母制十二幅被，以招贤士共卧，庶得闻君子之言。

10·065 张（张开）烟雾于海际，耀光景（光影）于河渚。乘天梁（天梁星，南斗第二星，主寿）而浩荡，叩帝阍（天门，天帝的宫门）而延伫。

10·066 声誉可尽，江天（与下文“山色”均指自然风物）不可尽。丹青（指画作）可穷，山色不可穷。

10·067 闻秋空鹤唳，令人逸骨仙仙。看海上龙腾，觉我壮心勃勃。

10·068 明月在天，秋声在树，珠箔（珠帘）卷啸倚高楼。苍苔在地，春酒在壶，玉山颓（形容美好的醉态）醉眠芳草。

10·069 胸中自是奇，乘风破浪，平吞万顷苍茫。脚底由来（指历来）阔，历险穷幽，飞度（飞过）千寻（古代的长度单位，一寻等于八尺）杳霭（云气，烟雾）。

10·070 松风涧雨，九霄外声闻环佩（指女子所佩的玉饰发出的声音），清我吟魂（使我诗思清朗）。海市蜃楼，万水中一幅画图，供吾醉眼。

10·071 每从白门（旧时南京的别称）归，见江山逶迤，草木苍郁。人常言佳，我觉是别离人肠中一段酸楚气耳（罢了）。

10·072 人每谀余腕中有鬼（形容诗文、书画妙绝，如有鬼神相助），余谓鬼自无端（无缘无故）入吾腕中，吾腕中未尝有鬼也。人每责余目中无人，余谓人自不屑入吾目中，吾目中未尝无人也。

10·073 天下无不虚之山，惟虚故高而易峻。天下无不实之水，惟实故流而不竭。

10·074 放不出憎人面孔，落在酒杯。丢不下怜世心肠，寄之诗句。

10·075 春到十千美酒（谓每斗酒价值万钱，非常名贵），为花洗妆。夜来一片名香，与月熏魄。

10·076 忍到熟（时机成熟）处则忧患消，谈到真时则天地赘（天地都是累赘）。

10·077 醺醺熟读《离骚》，孝伯（东晋大臣王恭）外（之外）敢曰并皆名士。碌碌（平庸的样子）常承色笑（指和颜悦色的态度），阿奴辈果然尽是佳儿。

10·078 剑雄万敌，笔扫千军。

10·079 飞禽铩翮（shā hé，伤残了翅膀），犹爱惜乎羽毛。志士捐生（舍弃生命），终不忘乎老骥（年老而壮志犹存）。

10·080 敢于世上放开眼，不向人间浪（轻易）皱眉。

10·081 缥缈孤鸿（孤雁），影来窗际，开户从（跟从）之，明月入怀，花枝零乱。朗吟“枫落吴江冷”之句，令人凄绝。

10·082 云破月窥花好处，夜深花睡月明中。

10·083 三春花鸟犹堪赏，千古文章只自知（文章的得失只有自己知道）。文章自是堪（能）千古，花鸟三春只几时。

10·084 士大夫胸中无三斗墨，何以运管城？然恐酝酿宿陈（指隔夜没有消化掉的积食，比喻观念陈旧，知识过时），出之无光泽耳。

10·085 攫金于市者，见金而不见人。剖身藏珠者，爱珠而忘自爱。与夫决性命（拼命）以饕（tāo，贪婪）富贵，纵嗜欲以戕（qiāng，杀伤）生者何异？

10·086 说不尽山水好景，但付（付诸）沉吟。当不起世态炎凉，惟有闭户。

10·087 杀得人（能杀人）者，方能生人（救人）。有恩者，必然有怨。若使（如果）不阴不阳，随世披靡（草木随风倒伏），肉菩萨（指随波逐流毫无主见之人）出世，于世何补？此生何用？

10·088 李太白云："天生我才必有用，黄金散尽还复来。"杜少陵云："一生性僻耽佳句，语不惊人死不休。"豪杰不可不解此语。

10·089 天下固有父兄不能囿（yòu，拘束）之豪杰，必无师友不可化之愚蒙。

10·090 谐（和谐）友于（指兄弟或者兄弟间的友爱）天伦（旧指父子、兄弟等亲属关系，泛指家庭关系）之外，元章（宋代文人米芾）呼石为兄。奔走于世途之中，庄生（战国思想家庄周）喻尘以马（用马来比喻尘土）。

10·091 词人半肩行李，收拾秋水春云。深宫（宫中女子）一世梳妆，恼乱晚花新柳。

10·092 得意不必人知，兴来书（写字）自圣（自可成圣）。纵口（信口说话）何关世议，醉后语犹颠（还是癫狂）。

10·093 英雄尚不肯以一身受天公之颠倒（摆布，使错乱），吾辈奈何以一身受世人之提掇（提携。此指牵制和左右）？是堪（可以）指发（怒发冲冠），未可低眉（谦卑驯服的样子）。

10·094 能为世必不可少之人，能为人必不可及之事，则庶几（大概）此生不虚。

10·095 儿女情，英雄气，并行不悖。或柔肠，或侠骨，总是吾徒（我们一类人）。

10·096 上马横槊（横持长矛，指从军或习武），下马作赋，自是英雄本色。熟读《离骚》，痛饮浊酒，果然名士风流。

10·097 诗狂（狂放）空（目空）古今，酒狂空天地。

10·098 处世当于热地（热闹、显赫之处）思冷（冷静思考），出世当于冷地（冷清的境界）求热。

10·099 我辈腹中之气（豪气、气概），亦不可少，要（关键是）不必用耳。若蜜口（嘴甜，说好话），真妇人事哉！

10·100 办大事者，匪（不是）独以意气胜，盖亦其智略绝也，故负气（凭借意气）雄行，力足以折公侯。出奇制算，事（做事）足以骇耳目。如此人者，俱千古矣（都一去不复返了）。嗟嗟！今世徒虚语（只有空话）耳。

10·101 说剑谈兵，今生恨少封侯骨（旧指封侯的命运）。登高对酒，此日休吟烈士歌（指三国曹操《步出夏门行》）。

10·102 身许为知己死，一剑夷门，到今侠骨香仍古。腰不为督邮折，五斗彭泽，从古高风清至今。

10·103 剑击秋风，四壁如闻鬼啸。琴弹夜月，空山引动猿号（猿猴的哀号）。

10·104 壮士愤懑难消，高人情深一往。

10·105 先达（同辈中先发迹的人）笑弹冠（指官场中一人当了官或升了官，同伙就互相庆贺将有官可做，有贬义），休向侯门轻曳裾（比喻在权贵的门下做食客）。相知犹按剑（指预先做好戒备），莫从世路暗投珠（指投靠错误的主人）。

卷十一　集法

【导读】

本书的作者虽然深受佛家和道家思想的影响，但是从根本上来说，他依然是儒家思想的坚定信徒。本卷是全书中最能体现作者儒家思想的一卷。

本卷中的“法”，并非指“法律”或者“法规”，而是指“礼法”，它是传统中国道德和法律体系的基本组成部分，主要表现为对等级观念和纲常名教的尊重与维护，传统中国社会中全部社会成员的社会生活行为都被纳入礼法规范。周公所编定的《周礼》，是中国奴隶社会最完备的礼仪制度，进入封建社会后，这些礼仪制度成为后代“礼法”的基本组成部分。儒家之“儒”，其本义是指专门负责冠婚丧祭时司仪的祭官，也就是管礼仪的礼官。因此，维护礼法就成为儒家思想的基本内容，孔子思想的核心是“仁”，而《论语·颜渊》中说：“颜渊问仁。子曰：‘克己复礼为仁。一日克己复礼，天下归仁焉！’”由此可见，礼法在儒家思想中居于核心地位。至西汉董仲舒“罢黜百家，独尊儒术”，礼法则成了中国传统社会关系的基础和社会行为规范的法则。

明代官学继承宋代程朱理学的思想体系。作者处于晚明这一社会大动荡大变革的时期，社会的动荡和变革在人们思想上的表现，首当其冲的就是道德观念和行为规范的变化甚至崩溃。作者在卷首语里所说的“夫迂腐者，既泥于法，而超脱者，又越于法”，就是典型的表现。“方袍幅巾”，拘泥于此，导致社会的死气沉沉，而李贽等“超脱颖绝之士”奋起矫之的同时又彻底地放弃了法度，有过正之嫌。无论是“拘泥”或是“超脱”，都是对不正常的社会做出的超常反应。“拘泥”而不知变通，就无法适应社会生活的变化；“超脱”而不受拘束，则是对传统道德的破坏。根本原因是，由于没有找到新的思想体系去取代传统的禁欲模式，人的觉醒往往以人欲放纵的丑恶形式出现，故本书中专列“法”卷，其实是对社会现实的忧虑和反思，有警世、劝世的意味。

君子应该是礼法的尊崇和实践者，在思想上，应该做到“不偏不倚，期无所泥越则已矣”，行为上“何必方袍幅巾，作此迂态”，要用平常心、平常行，在“泥于法”和“越于礼”中找到一个平衡点，方是君子所宜。

自方袍（僧人所穿的袈裟，因平摊为方形，故称）幅巾（指用一块帛巾束首，是一种表示儒雅的装束）之态，遍满天下，而超脱颖绝之士，遂以同污合流矫之，而世道不古矣。夫迂腐者，既泥于法，而超脱者，又越于法，然则士君子亦不偏不倚，期无所泥越则已矣，何必方袍幅巾，作此迂态耶！集法第十一。

11·001 世无乏才之世，以通天达地之精神，而辅之以拔十得五（泛指选拔人才的方法和原则）之法眼（指敏锐、精深的眼力）。

11·002 一心可以交万友，二心不可以交一友。

11·003 凡事，留不尽之意（不是全部表达，留有余地）则机圆（机巧圆融）。凡物，留不尽之意则用裕（宽裕）。凡情，留不尽之意则味深（意味深长）。凡言，留不尽之意则致远（流传远方）。凡兴，留不尽之意则趣多。凡才，留不尽之意则神满（精神饱满）。

11·004 有世法，有世缘，有世情。缘非（不合）情，则易断。情非法，则易流（泛滥，无法约束）。

11·005 世多理所难必（难以肯定）之事，莫执（偏执）宋人道学（宋代儒家的程朱理学思想）。世多情所难通（按性情难以说通）之事，莫说（指宣扬）晋人风流（指魏晋文士尚玄学鄙视礼法的名士风度）。

11·006 与其以衣冠（此指士大夫、官员的身份）误国，不若以布衣（借指平民的身份）关世。与其以林下（代指隐居）而矜（自我夸耀）冠裳（指官职），不若以廊庙（指殿下屋和太庙，后代指朝廷）而标（标榜）泉石（喻隐居）。

11·007 眼界愈大，心肠愈小（心思越细）。地位愈高，举止愈卑。

11·008 少年人要心忙，忙则摄浮气。老年人要心闲，闲则乐余年。

11·009 晋人清谈，宋人理学。以晋人遗俗（用清谈来摆脱世俗），以宋人（指理学）禔躬（即“禔身”，安身、修身。禔：zhī）。合之双美，分之两伤也。

11·010 莫行心上过不去事，莫存事上行不去（过不去、放不下）心。

11·011 忙处事为（作为、行为），常向闲中先检点。动时念想，预从静里密操持（周密筹划）。

11·012 青天白日处节义（节操义行），自暗室（没有光亮或隐秘的地方）屋漏（泛指别人看不见的地方，隐私之处）处培来。旋转乾坤的经纶（治理国家的抱负和才能），自临深履薄（比喻小心谨慎，惟恐有失）处操（操练）出。

11·013 以积货财之心积学问，以求功名之念求道德，以爱妻子之心爱父母，以保爵位之策（策略）保国家。

11·014 才智英敏者，宜以学问摄其躁。气节激昂者，当以德性融其偏（偏激）。

11·015 何以下达（向下求得通达），惟有饰非（掩饰自己的错误）。何以上达，无如改过。

11·016 一点不忍的念头，是生民生物之根芽。一段不为(清静无为)的气象(气韵)，是撑天撑地之柱石。

11·017 君子对青天而惧，闻雷霆而不惊。履平地而恐(惶恐)，涉风波而不疑。

11·018 不可乘喜而轻诺，不可因醉而生嗔(发怒、生气)。不可乘快而多事，不可因倦而鲜终(有始无终)。

11·019 意防(防备)虑(顾虑)如拨(拨正)，口防言(妄言)如遏(阻止)，身防染(染病)如夺(剥夺)，行防过(过失)如割(割除)。

11·020 白沙在泥，与之俱黑，渐染之习久矣。他山之石，可以攻玉，切磋之力大焉。

11·021 后生辈胸中，落“意气”两字，有以趣胜者，有以味(韵味)胜者。然宁饶于味，而无饶于趣。

11·022 芳树不用买，韶光贫可支。

11·023 寡思虑以养神，剪欲色(摈除欲望)以养精，靖(平和)言语以养气。

11·024 立身高一步方超达，处世退一步方安乐。

11·025 士君子贫不能济物(在物质上帮助别人)者，遇人痴迷处，出一言提醒之，遇人急难处，出一言解救之，亦是无量功德。

11·026 救既(已经)败之事者，如驭临崖之马，休轻策(鞭打)一鞭。图(谋划)垂成(将要成功)之功者，如挽上滩之舟，莫少停一棹(船桨)。

11·027 是非邪正之交，少迁就则失从违(依从或者违背)之正(正确选择)。利害得失之会(关键)，太分明则起趋避(趋向或避开)之私(私心)。

11·028 事系幽隐(别人的隐私)，要思回护他，着不得一点攻讦(揭发别人的隐私或攻击别人的短处。讦:jié)的念头。人属寒微，要思矜(怜悯，尊重)礼他，着不得一毫傲睨(斜着眼看人，傲慢的样子)的气象(气派)。

11·029 毋以小嫌而疏至戚(最亲近的亲属)，勿以新怨而忘旧恩。

11·030 礼义廉耻，可以律己，不可以绳人(约束别人)。律己则寡过(少犯错误),绳人则寡合(难以与人和睦相处)。

11·031 凡事韬晦(指深藏不露),不独益己,抑(还是)且益人。凡事表暴(自我炫耀),不独损人,抑且损己。

11·032 觉人之诈,不形(表现)于言。受人之侮,不动于色。此中有无穷意味,亦有无穷受用(受益)。

11·033 爵位不宜太盛,太盛则危。能事(做事的才能)不宜尽毕(完全发挥),尽毕则衰。

11·034 遇故旧之交,意气(感情)要愈新(新鲜热烈)。处隐微之事,心迹(心里的想法)宜愈显。待衰朽之人,恩礼要愈隆。

11·035 用人不宜刻,刻则思效者(想要效力的人)去(离开)。交友不宜滥,滥则贡谀者(献媚阿谀的人)来。

11·036 忧勤是美德,太苦则无以适性怡情。淡泊是高风,太枯(枯燥)则无以济人(帮助别人)利物(有益于世事)。

11·037 作人要脱俗,不可存一矫俗(矫正世俗)之心。应世要随时(顺应时势),不可起一趋时(迎合时势和潮流)之念。

11·038 富贵之家,常有穷亲戚往来,便是忠厚。

11·039 从师(从师求学)延(请)名士,鲜(很少)垂教(亲自教导)之实益。为徒(为徒求学)攀(攀附)高第(师父身份高贵),少受诲(接受教诲)之真心。

11·040 男子有德便是才,女子无才便是德。

11·041 病中之趣味,不可不尝。穷途之景界(境界),不可不历(经历)。

11·042 才人国士,既负不群(超群)之才,定负不羁(豪放不羁)之行,是以才稍压众,则忌心生(招人嫉妒);行稍违时(不合时宜),则侧目至(招人怨恨)。死后声名,空誉墓中之骸骨。穷途潦倒,谁怜宫外之蛾眉(被遣出宫的美女)。

11·043 贵人之交贫士也,骄色易露。贫士之交贵人也,傲骨当存。

11·044 君子处身，宁人负己，己无负人。小人处事，宁己负人，无人负己。

11·045 砚神曰淬妃，墨神曰回氏，纸神曰尚卿，笔神曰昌化，又曰佩阿。

11·046 要治世，半部《论语》。要出世，一卷《南华》(《南华经》，即《庄子》)。

11·047 祸莫大于纵己之欲，恶莫大于言人之非。

11·048 求见知于人世(为世人所知)易，求真知于自己难。求粉饰(粉饰错误)于耳目易，求无愧于隐微(隐秘的小事)难。

11·049 圣人之言，须常将来(拿来)眼头过(眼看)，口头转(口说)，心头运(心想)。

11·050 与其巧持(运用机巧)于末(事后)，不若拙戒(谨慎守拙)于初。

11·051 君子有三惜：此生不学，一可惜。此日闲过(悠闲虚度)，二可惜。此身一败(一生失败)，三可惜。

11·052 昼观诸(之于)妻子，夜卜诸梦寐。两者无愧，始可言学。

11·053 士大夫三日不读书，则礼义不交(相互贯通)，便觉面目可憎，语言无味。

11·054 与其密(亲近)面交(当面之交；非真心相交的朋友)，不若亲谅友(忠实可信的朋友)。与其施新恩，不若还旧债。

11·055 士人当使王公(泛指身份高贵的人)闻名多而识面(见面)少，宁使王公讶(责怪)其不来，毋使王公厌其不去(离开)。

11·056 见人有得意事，便当生忻喜(即欣喜)心。见人有失意事，便当生怜悯心。皆自己真实受用(受益)处，忌成(嫉妒别人成功)乐败(乐于别人失败)，徒自坏心术耳。

11·057 恩重难酬(报答)，名高难称(相称)。

11·058 待客之礼当存古意(保留古人的风尚)，止一鸡一黍(小米饭)，酒数行(几巡)，食饭而罢。以此为法(标准)。

11·059 处心不可着(执着),着则偏(偏颇)。作事不可尽(到极限),尽则穷(处境困难)。

11·060 士人所贵,节行(节操品行)为大。轩冕(古时大夫以上官员的车乘和冕服。此指官位爵禄)失之,有时而复来;节行失之,终身不可得矣。

11·061 势不可倚(依仗)尽,言不可道尽,福不可享尽,事不可处尽,意味偏长(意味深长)。

11·062 静坐然后知平日之气浮,守默然后知平日之言躁,省事然后知平日之费闲(费时少闲),闭户(闭门谢客)然后知平日之交滥,寡欲然后知平日之病多,近情(人情)然后知平日之念(想法)刻(刻薄)。

11·063 喜时之言多失信,怒时之言多失体。

11·064 泛交则多费(花费),多费则多营(经营),多营则多求(请求),多求则多辱(蒙受屈辱)。

11·065 一字不可轻与(赠送)人,一言不可轻许(许诺)人,一笑不可轻假(给予)人。

11·066 正以处心(以公正居心),廉以律己,忠以事君,恭以事长,信以接物,宽以待下,敬以治事(用敬业的态度对待公事),此居官之七要(关键之处)也。

11·067 圣人成大事业者,从战战兢兢之小心来。

11·068 酒入舌出,舌出言失,言失身弃(名声受损)。余以为弃身不如弃酒。

11·069 青天白日,和风庆云(五色云),不特(只)人多喜色,即(即使)鸟鹊且有好音。若暴风怒雨,疾雷闪电,鸟亦投林(躲进树林),人皆闭户。故君子以太和(天地间冲合之气。此指平和)元气为主。

11·070 胸中落"意气"(主观而偏激的情绪)两字,则交游定不得力。落"骚雅"(指对文学修养和高雅情致的追求)二字,则读书定不得深心(深入理解)。

11·071 交友之先宜察(考察了解),交友之后宜信(相互信任)。

11·072 惟俭可以助廉，惟恕可以成德。

11·073 惟书不问贵贱贫富老少，观书一卷，则增一卷之益。观书一日，则有一日之益。

11·074 坦易其心胸，率真其笑语，疏野（粗疏自然）其礼数，简少（减少）其交游。

11·075 好丑不可太明，议论不可务尽，情势不可殚（用尽、竭尽）竭，好恶不可骤（快速、突然）施（指表现、显现出来）。

11·076 不风之波（无风而起的波浪），开眼之梦（睁眼做的梦；白日梦），皆能增进道心（悟道之心）。

11·077 开口讥诮（讽刺）人，是轻薄第一件，不惟丧德，亦足丧身（丧失生命）。

11·078 人之恩可念不可忘，人之仇可忘不可念。

11·079 不能受言（接受意见）者，不可轻与（给）一言，此是善交法（好的交际方法）。

11·080 君子于人，当于有过（过错）中求（寻求）无过，不当于无过中求有过。

11·081 我能容人，人在我范围（在我控制中），报（报答）之在我，不报在我。人若容我，我在人范围，不报不知，报之不知。自重者然后人重（得到别人尊重），人轻者由我自轻。

11·082 高明（才高而明智的人）性多疏脱（放达，不受拘束），须学精严（精细严密）。狷介（拘谨小心）常苦迂拘（迂腐执着，不知变通），当思圆转（圆融，机变）。

11·083 欲做（培养）精金美玉的人品，定从烈火锻来。思立揭地掀天的事功，须向薄冰履过。

11·084 性不可纵，怒不可留，语不可激，饮不可过。

11·085 能轻富贵，不能轻一轻（不能放下一点）富贵之心，能重名义（名声和道义），又复重一重（加重一层）名义之念。是事境之尘氛未扫，而心境之芥蒂未忘。此处拔除不净，恐石去而草复生矣。

11·086 纷扰固溺志(使心志沉湎其中)之场,而枯寂亦槁心(即"形槁心灰")之地。故学者当栖心(寄托心境)玄默(清静无为),以宁吾真体。亦当适志(顺应心志)恬愉,以养吾圆机(喻超脱是非,不为外物所拘牵)。

11·087 昨日之非不可留,留之则根烬复萌,而尘情终累乎理趣(义理情趣)。今日之是不可执,执之则渣滓(世俗的糟粕)未化,而理趣反转为欲根(欲望的根源)。

11·088 待小人不难于严,而难于不恶。待君子不难于恭,而难于有礼。

11·089 市(做交易)私恩(私人的恩惠),不如扶公议(公众共同议论和赞同的事)。结新知,不如敦旧好(厚待老朋友)。立荣名(美名),不如种隐德(施德于人而不为人所知)。尚(追求)奇节(与众不同的节操),不如谨庸行(平常的行为)。

11·090 有一念而犯鬼神之忌,一言而伤天地之和,一事而酿子孙之祸者,最宜切(一定要)戒。

11·091 不实心,不成事。不虚心,不知事。

11·092 老成人受病(诟病、指责),在作意(做决定)步趋(追随、效法别人)。少年人受病,在假意超脱。

11·093 为善有表里始终(能否善始善终)之异,不过假好人。为恶无表里始终之异,倒是硬汉子。

11·094 入心处咫尺玄门(学习有所得的时候,就觉得离高深的境界很近了),得意(领会学问的深意)时千古快事。

11·095《水浒传》无所不有,却无破老(诋毁老成持重之人)一事,非关缺陷,恰是酒肉汉本色。如此益(更加)知作者之妙。

11·096 世间会讨便宜人,必是吃过亏者。

11·097 书是同人(比喻志同道合的朋友),每读一篇,自觉寝食有味。佛(指佛经)为老友,但窥(只要看到)半偈(jì,梵语"颂",即佛经中的唱词),转(转而)思前境(眼前境界)真空。

11·098 衣垢不湔(jiān,洗),器缺不补,对人犹有惭色。行垢不湔，德缺不补，对天岂无愧心！

11·099 天地俱不醒，落得昏沉醉梦。洪蒙率(大都)是客，枉寻寥廓(广阔天地)主人。

11·100 老成人必典必则(指行为一定遵守典章法则)，半步可规(符合规矩)。气闷人不吐不茹(意为含含糊糊不清不楚)，一时难对(应对)。

11·101 重友者，交时极难，看得难，以故(所以)转(改变心意)重。轻友者，交时极易，看得易，以故转轻。

11·102 近(眼前)以静事(安静无为)而约己，远(长远)以惜福(珍惜福分)而延生。

11·103 掩户(关门)焚香，清福已具(具备)。如无福者，定生他想。更有福者，辅以读书。

11·104 国家用人，犹农家积粟。粟积于丰年，乃可济饥。才储于平时，乃可济用(使用)。

11·105 考人品，要在五伦上见。此处得(得当)，则小过不足疵(cī，毛病)。此处失，则众长(有其他众多长处)不足录(录用)。

11·106 国家尊名节，奖恬退(淡于名利，安于退让；也指安然退隐)，虽一时未见其效，然当患难仓卒(仓促)之际，终赖其用。如禄山之乱，河北二十四郡皆望风奔溃，而抗节不挠者，止一颜真卿，明皇初不识其人，则所谓名节者，亦未尝不自恬退中得来也。故奖恬退者，乃所以励名节。

11·107 志不可一日坠(消沉)，心不可一日放。

11·108 辩不如讷(nè，语言迟钝)，语不如默，动不如静，忙不如闲。

11·109 以无累之神(无牵无挂的神思)，合(契合)有道之器(指演奏有节奏的音乐的乐器)，宫商(中国传统五声音阶，分为宫、商、角、徵、羽五声)暂离，不可得已。

11·110 精神清旺(清爽旺盛)，境境(各种境况)都有会心。志气昏愚(昏沉愚钝)，处处俱成梦幻。

11·111 酒能乱性，佛家戒之。酒能养气，仙家饮之。余于无酒时学佛，有酒时学仙。

11·112 烈士不馁（něi，饥饿），正气以饱其腹。清士（高洁之士）不寒，青史（历史）以暖其躬（身体）。义士不死，天君（指心）以生（生养）其骸。总之心悬（捧起）胸中之日月，以任（任凭）世上之风波。

11·113 孟郊（唐朝诗人）有句云："青山碾为尘，白日无闲人。"于邺（唐朝诗人）云："白日若不落，红尘应更深。"又云："忽逢幽隐处，似遇独醒人。"王维云："行到水穷处，坐看云起时。"又云："明月松间照，清泉石上流。"皎然（唐朝著名诗僧）云："少时不见山，便觉无奇趣。"每一吟讽（吟诵），逸思翩翩。

卷十二　集倩

【导读】

本卷中的“倩”是“美好”的意思。

本卷中的“倩”就其美学内涵来说，表现出两个特征：一为“无我之境”。作者是一位看破世情的出世者，隐逸生活培养了他淡泊闲适的心境，故而本书中描绘的意境多为无我之境，比如他在写文人的居住环境时，经常运用联想的手法，茅屋、松、竹、兰、菊、高山、流水、云烟，这些意象总会以不同的形式出现，他笔下的居住环境在现实中可能真的存在，但更多则是文人心中所向往的住所，此种意境不亚于陶渊明的采菊东篱，悠然自适。

二为冲淡含蓄。这是从感情表达的角度来说的。无我之境的作品表面上仿佛“不思而得”，无感情可言，事实上包含有深厚的意味，委婉、含蓄。楼台落日，山川出云，看似是最质朴自然的景色，然其中却包含着不悲不喜、不忧不怒的感悟，如此才达到了“无我”的至境。

在卷首语中我们看到，作者认为美人、名花、青山绿水都有其美好，这些“倩”都是外显的、表象的，是感官可知的；进而风雅之士感受到这些美好的时候，也就是"情景交会"之时，所说的话语、所发出的感慨，则是更加难得、更加美好，这种"倩"是内在的、深层次的，唯有心灵可以感知，这才是作者心中真正的"倩"。

倩（美好）不可多得，美人有其韵，名花有其致，青山绿水有其丰标（美好的风姿）。外则（此外还有）山臞韵士（山林中清瘦的隐士。臞：qú，瘦），当情景相会之时，偶出一语，亦莫不尽其韵，极其致，领略其丰标。可以启名花之笑，可以佐美人之歌，可以发山水之清音，而又何可多得！集倩第十二。

12・001 会心处，自有濠濮间想，然可亲人鱼鸟（鱼鸟自然地来与人亲近）。偃卧（仰卧、睡卧）时，便是羲皇上人，何必秋月凉风。

12・002 一轩（有窗的长廊或小屋）明月，花影参差，席地便宜（适合）小酌。十里青山，鸟声断续，寻春（游赏春景）几度长吟。

12・003 入山采药，临水捕鱼，绿树阴中鸟道。扫石弹琴，卷帘看鹤，白云深处人家。

12・004 沙村竹色，明月如霜，携幽人杖藜散步。石屋松阴，白云似雪，对孤鹤扫榻高眠。

12・005 焚香看树，人事都尽。隔帘花落，松梢月上。钟声忽度（传来），推窗仰视，河汉（指银河）流云，大胜昼时。非有洗心涤虑（洗去心中忧虑）得意爻象之表者（指能够通达天地，理解人生真谛的人），不可独契此语。

12・006 纸窗竹屋，夏葛（穿葛布制成的衣服）冬裘（穿裘皮衣服），饭后黑甜（酣睡），日中白醉（大口喝酒而醉），足矣！

12・007 收碣石（山名，在今河北省昌黎县）之宿雾（夜晚的雾气），敛苍梧（苍梧山，在今湖南省宁远县，又名九嶷山）之夕云。八月灵槎（chá，竹木制成的筏），泛寒光而静去。三山神阙（传说中海中的三座仙山：方丈、蓬莱、瀛洲），湛（清澈）清影以遥连。

12・008 空三楚之暮天，楼中历历（影像清晰分明）。满六朝之故

地，草际悠悠（连绵不尽）。

12·009 秋水岸移新钓舫（钓船），藕花洲拂旧荷裳（代指高人隐士的服装）。心深不灭三年字，病浅（身染微恙）难销十步香（比喻处处都有人才）。

12·010 赵飞燕（汉成帝皇后）歌舞自赏，仙风留于绉（zhòu，一种有皱纹的丝织品）裙。韩昭侯（战国时代韩国国君）颦笑不轻（不轻易表露出情绪），俭德昭于敝裤。（两人）皆以一物著名，局面相去甚远。

12·011 翠微（青翠掩映的山间幽深之处）僧至，衲衣皆染松云。斗室残经，石磬半沉（沉郁）蕉雨。

12·012 黄鸟情多（多情），常向梦中呼醉客。白云意懒，偏来僻处媚（献媚）幽人。

12·013 乐意相关（相互投合）禽对语，生香不断树交（交相辉映）花，是无彼无此真机（玄机）。野色更无山隔断，天光常与水相连，此彻上彻下（天地上下一体）真境。

12·014 美女不尚铅华（用化妆品梳妆打扮），似疏云之映淡月。禅师不落空寂（佛教语，指空虚寂寞），若碧沼（清澈的池塘）之吐青莲。

12·015 书（书法）者喜谈画，定能以画法作书。酒人好论茶，定能以茶法饮酒。

12·016 诗用方言，岂是采风（民歌）之子。谈邻（接近）徘语（嘲笑戏谑），恐贻（得到、遭到）拂麈之羞。

12·017 肥壤植梅，花茂而其韵不古（古雅）。沃土种竹，枝盛而其质（质地）不坚。

12·018 竹径松篱，尽堪（可以）娱目，何非一段清闲。园亭池榭，仅可容身，便是半生受用。

12·019 南涧科头（不戴冠帽，裸露头髻），可任半帘明月。北窗坦腹（舒身仰卧，坦露胸腹），还须一榻清风。

12·020 披（翻开）帙（zhì，书画外面包着的布套。此指书籍）横（横卧）风榻，邀棋坐雨窗。

12·021 洛阳每遇梨花时，人多携酒树下，曰：“为梨花洗妆。”

12·022 绿染林皋(水边的树林)，红销溪水。

12·023 几声好鸟斜阳外，一簇春风小院中。

12·024 有客到柴门，清尊(同“樽”，指清酒)开江上之月。无人剪蒿径(长满杂草的小路)，孤榻对雨中之山。

12·025 恨留山鸟，啼百卉之春红(春花)。愁寄陇云(聚集起伏的云)，锁四天(四方天空)之暮碧。

12·026 涧口有泉常饮鹤，山头无地不栽花。

12·027 双杵茶烟(两道像木杵形状的烹茶烟雾)，具载陆君(指茶圣陆羽)之灶。半床松月(松间明月)，且窥扬子(指西汉文学家扬雄)之书。

12·028 寻雪后之梅，几(常)忙骚客。访霜前之菊，颇惬幽人。

12·029 帐中苏合(苏合香)，全消(消散)雀尾之炉(雀尾形香炉)。槛外游丝(栅栏外飘动的蛛丝)，半织龙须之席(龙须般的网)。

12·030 瘦竹如幽人，幽花(幽雅清香的花)如处女。

12·031 晨起推窗，红雨乱飞，闲花笑也。绿树有声，闲鸟啼也。烟峦灭没(云烟笼罩的山峦隐没)，闲云度也。藻荇(水中的水藻和青荇。荇：xìng)可数，闲池静也。风细帘青，林空月印(月光朗照)，闲庭悄(寂静无声)也。山扉(门)昼扃(jiōng，关闭)，而剥啄(叩击、敲打。此指敲门)每多闲侣。帖括(指应试文章)因人，而几案每多闲编(闲书)。绣佛(刺绣的佛像)长斋，禅心释谛(佛教语，谓真实无谬的道理)，而念多闲想，语多闲词。闲中滋味，洵(确实)足乐也。

12·032 鄙吝(吝啬)一消，白云亦可赠客。渣滓(自身的杂质与糟粕)尽化，明月亦来照人。

12·033 水流云在，想子美(唐代诗人杜甫)千载高标(高洁的品格)。月到风来，忆尧夫(北宋哲学家邵雍)一时雅致。

12·034 何以消(消受)天下之清风朗月，酒盏诗筒。何以谢(杜绝)人间之覆雨翻云(形容境界险恶)，闭门高卧。

12·035 高(高雅)客留连，花木添清疏(清新，疏朗)之致。幽人剥啄(叩门),莓苔生淡冶(素雅而秀丽)之容。

12·036 雨中连榻(并榻而坐),花下飞觞(举杯饮酒)。进艇长波,散发弄月。紫箫玉笛,飒(风)起中流。白露可餐,天河在袖。

12·037 午夜箕踞(指很惬意地没有约束地坐着)松下,依依皎月,时来亲人(与人亲近),亦复(更加)快然自适(喜悦闲适,自得其乐)。

12·038 香宜远焚,茶宜旋煮(煮茶时用竹夹在沸水中转圈搅动,同时放入茶叶),山宜秋登。

12·039 中郎(明代文学家袁宏道)赏花云:"茗(品茶)赏上也,谈(清谈)赏次也,酒赏下也。若夫内酒(宫廷御酒。此指名贵的酒)越茶(越地所产的茶。代指名贵的茶)及一切庸秽凡俗(污秽庸俗)之语,此花神之深恶痛斥者。宁闭口枯坐(孤寂沉默地坐着),勿遭花恼可也。"

12·040 赏花有地有时,不得其时而漫然(随便地)命客(邀请客人),皆为唐突(莽撞,冒失)。寒花(寒冷季节开的花)宜初雪,宜雪霁,宜新月,宜暖房。温花宜晴日,宜轻寒,宜华堂。暑花宜雨后,宜快风,宜佳木浓阴,宜竹下,宜水阁。凉花(凉爽时节开的花)宜爽月,宜夕阳,宜空阶,宜苔径,宜古藤巉石(意指高而险的山岩。巉:chán,山势高峻)边。若不论风日,不择佳地,神气散缓(平淡无奇),了不相属(相互之间毫无关系),比于妓舍酒馆中花,何异(有什么不同)哉!

12·041 云霞争变,风雨横(满)天,终日静坐,清风洒然(指清凉爽快)。

12·042 妙笛至山水佳处,马上临风,快作数弄(畅快地演奏几曲)。

12·043 心中事,眼中景,意中人。

12·044 园花按时开放,因即(于是根据)其佳称待之以客。梅花索笑客,桃花销恨客,杏花倚云客,水仙凌波客,牡丹酣酒客,芍药占春客,萱草忘忧客,莲花禅社客,葵花丹心客,海棠昌州客,桂花青云客,菊花招隐客,兰花幽谷客,酴醾清叙客,腊梅远寄客。须是身闲,方可称为主人。

12·045 马蹄入树鸟梦坠,月色满桥人影来。

12·046 无事当看韵书(分韵编排的字典),有酒当邀韵友。

12·047 红蓼滩头,青林古岸,西风扑面,风雪打头,披蓑顶笠,执竿烟水,俨然在米芾(北宋书法家、画家)《寒江独钓图》中。

12·048 冯惟一(冯吉)以杯酒自娱,酒酣即弹琵琶,弹罢赋诗,诗成起舞。时人爱其俊逸(超群拔俗)。

12·049 风下松而合曲(合乎音律),泉萦石而生文(生出美妙的波纹)。

12·050 秋风解缆,极目芦苇,白露横(弥漫)江,情景凄绝。孤雁惊飞,秋色远近,泊舟卧听,沽酒呼卢(古代一种博戏,以五木削为五子,分黑白,五子全黑称“卢”,为胜),一切尘事,都付秋水芦花。

12·051 设禅榻二,一自适,一待朋。朋若未至,则悬之。敢曰:“陈蕃之榻,悬待孺子。长史之榻,专设休源。”亦惟禅榻之侧,不容着俗人膝耳(不许俗人落座)。诗魔酒颠(指沉醉于诗酒之人),赖此榻祛醒(醒酒)。

12·052 留连野水之烟,淡荡寒山之月。

12·053 春夏之交,散行(漫步)麦野。秋冬之际,微醉稻场。欣看麦浪之翻银(麦浪反射着阳光),积翠(草木上的绿意)直侵衣带。快(高兴地)睹稻香之覆地,新醅(新酿而未过滤的酒。醅:pēi)欲溢尊罍(léi,酒器)。每来得趣于庄村,宁去置身于草野(乡野)。

12·054 羁客(羁旅之人、旅客)在云村(云气笼罩的山村),蕉雨点点,如奏笙竽,声极可爱。山人读《易》《礼》,斗后(指天空中的星斗)骑鹤以至,不减(逊于)闻《韶》(《韶》乐,传说为舜所作)也。

12·055 阴茂树,濯(zhuó,洗浴)寒泉,溯(迎着)冷风,宁(难道)不爽然洒然!

12·056 韵言(指诗歌)一展卷间,恍坐冰壶而观龙藏(指大乘经典。藏:zàng)。

12·057 春来新笋,细可供茶(佐茶)。雨后奇花,肥堪待客。

12·058 赏花须结豪友,观妓须结淡友,登山须结逸友,泛舟须结旷友，对月须结冷友，待雪须结艳友，捉酒须结韵友。

12·059 问客写药方，非关（因为）多病。闭门听野史，只为偷闲。

12·060 岁行尽矣（一年的时光即将过去），风雨凄然，纸窗竹屋，灯火青荧（微弱而闪烁），时于此间得小趣。

12·061 山鸟每夜五更喧起（鸣叫）五次，谓之报更，盖山间率真漏声（天然计时声。漏：指滴漏等古代计时器）也。

12·062 分韵（数人相约赋诗，选择若干字为韵，各人分拈，依拈得之韵作诗）题诗，花前酒后。闭门放鹤，主去客来。

12·063 插花着瓶中，令（使其）俯仰高下（高低参差），斜正疏密，皆存意态，得画家写生之趣，方佳。

12·064 法饮（按规矩喝酒）宜舒，放饮宜雅，病饮宜小，愁饮宜醉，春饮宜郊，夏饮宜庭，秋饮宜舟，冬饮宜室，夜饮宜月。

12·065 甘酒以待病客，辣酒以待饮客，苦酒以待豪客，淡酒以待清客，浊酒以待俗客。

12·066 仙人好楼居，须岧峣（tiáo yáo，山势高峻）轩敞（宽敞明亮），八面玲珑，舒目披襟，有物外之观，霞表之胜（云外的胜迹）。宜对山，宜临水；宜待月，宜观霞；宜夕阳，宜雪月。宜岸帻（推起头巾，露出前额，形容态度洒脱，或衣着简率不拘）观书，宜倚槛吹笛；宜焚香静坐，宜挥麈清谈。江干（江岸）宜帆影，山郁（指树木浓郁）宜烟岚（云烟）；院落宜杨柳，寺观宜松篁（松与竹）；溪边宜渔樵、宜鹭鸶，花前宜娉婷（女子美好的姿态）、宜鹦鹉。宜翠雾霏微（洒脱、飘逸），宜银河清浅；宜万里无云，长空如洗；宜千林雨过，叠嶂如新。宜高插江天，宜斜连城郭；宜开窗眺海日，宜露顶卧天风；宜啸，宜咏，宜终日敲棋（下棋）；宜酒，宜诗，宜清宵对榻（并榻长谈）。

12·067 良夜风清，石床独坐，花香暗度（暗暗飘来），松影参差。黄鹤楼可以不登，张怀民可以不访，《满庭芳》（代指美妙的歌曲）可以不歌。

12·068 茅屋竹窗，一榻清风邀客。茶炉药灶（指修道之人用的炼丹炉），半帘明月窥人。

12·069 娟娟(明媚秀美的样子)花露(花瓣上的露水),晓湿芒鞋(草鞋)。瑟瑟松风,凉生枕簟(枕席,泛指卧具)。

12·070 绿叶斜披,桃叶渡(泛指津渡)头,一片弄残秋月。青帘高挂,杏花村(代指沽酒处)里,几回典却春衣(典当春衣买酒)。

12·071 杨花飞入珠帘,脱巾洗砚。诗草(诗歌的草稿)吟成锦字(好文章,好诗篇),烧竹煎茶。良友相聚,或解衣盘礴(盘起腿来坐着),或分韵角险(指旧时文人雅集,设置各种用词、用字、用韵的限制,比赛赋诗,从而较量诗才),顷之(不一会儿)貌(描绘)出青山,吟成丽句,从旁品题(对诗文书画等的评论)之,大是开心事。

12·072 木枕傲(使人感到孤傲),石枕冷,瓦枕粗,竹枕鸣(竹枕中空,枕之可以听见共鸣声)。以藤为骨,以漆为肤,其背圆而滑,其额(两端)方而通。此蒙庄(战国思想家庄周)之蝶庵,华阳(南朝梁代人陶弘景)之睡几(睡榻)。

12·073 小桥月上,仰盼星光,浮云往来,掩映于牛渚(今安徽马鞍山长江边的牛渚山)之间,别是一种晚眺。

12·074 医俗(庸俗)病莫如书,赠酒狂莫如月。

12·075 明窗净几,好香苦茗,有时与高衲谈禅。豆棚菜圃,暖日和风,无事听友人说鬼。

12·076 花事(特指花开的情景)乍(忽)开乍落,月色乍阴乍晴,兴未阑(残,尽),踌躇搔首(抓着头徘徊不定)。诗篇半拙半工(细致,精巧),酒态半醒半醉,身方(正)健,潦倒(举止散漫、不自检束)放怀。

12·077 湾(水湾)月宜寒潭,宜绝壁,宜高阁,宜平台,宜窗纱,宜帘钩;宜苔(长满苔藓)阶,宜花砌,宜小酌,宜清谈,宜长啸,宜独往,宜搔首(动脑筋思考),宜促膝。春月宜尊罍,夏月宜枕簟,秋月宜砧杵,冬月宜图书。楼月宜萧,江月宜笛,寺院月宜笙,书斋月宜琴。闺闱月宜纱橱(即碧纱橱),勾栏(代指妓院)月宜弦索(弦乐器上的弦。此指演奏弦乐器),关山月宜帆樯(船上挂帆的杆子,借指船只),沙场月宜刁斗(古代军中用具,形状大小似斗,有柄)。花月宜佳人,松月宜道者,萝(藤萝)月宜隐

逸，桂月宜俊英。山月宜老衲，湖月宜良朋，风月宜杨柳，雪月宜梅花。片月宜花梢，宜楼头，宜浅水，宜杖藜，宜幽人，宜孤鸿。满月宜江边，宜苑内，宜绮筵（豪华的筵席），宜华灯，宜醉客，宜妙妓。

12·078 佛经云："细烧沉水（指用沉香木制作的名贵熏香），毋（不要）令见火。"此烧香三昧语。

12·079 石上藤萝，墙头薜荔，小窗幽致，绝胜深山，加以明月清风，物外（超脱尘世之外）之情，尽堪（能够）闲适。

12·080 出世之法，无如（没有比得上）闭关（指闭门谢绝人事）。计（规划）一园手掌大（形容极小），草木蒙茸（蓬松、杂乱的样子），禽鱼往来，矮屋临水，展书匡坐（正坐），几于（差不多）避秦，与人世隔。

12·081 山上须泉，径中须竹。读史不可无酒，谈禅不可无美人。

12·082 幽居虽非绝世，而一切使令（供使唤的人）供具（陈设的食具，准备的酒食），交游晤对（结交朋友，会晤交谈）之事，似出世外。花为婢仆，鸟为笑谈，溪蔌（sù，蔬菜、野菜）涧流代酒肴烹享，书史（书籍）作师保（指老师），竹石资（作为）友朋。雨声云影，松风萝月，为一时豪兴之歌舞。情景固浓（感情浓郁），然亦清趣。

12·083 蓬窗（茅舍的窗户）夜启，月白于霜，渔火沙汀，寒星如聚。忘却客子作楚（客居楚地），但欣烟水（烟雾迷蒙的水面）留人。

12·084 无欲者其言清，无累（负累、负担）者其言达（豁达）。口耳巽人（就是用委婉的言词卑顺谦逊地对人说话，让人能听进去并且传播出去），灵窍（智慧之心）忽启，故曰不为俗情所染，方能说法度人（佛教语，谓讲解佛法，超度众生）。

12·085 临流晓（拂晓）坐，欸乃（象声词，行船摇橹声）忽闻，山川之情，勃然（突然兴起的样子）不禁。

12·086 舞罢缠头（泛指演员获得的酬劳和奖励）何所赠，折得松钗（折下松枝作为头钗）。饮余（喝完酒）酒债莫能偿，拾来榆荚（榆树的果实，其形如钱，故称"榆钱"）。

12·087 午夜无人知处，明月催诗。三春有客来时，香风散酒。

12·088 如何清色界，一泓碧水含空（照映天空）。那可断游踪（指游玩的愿望），半砌青苔滞雨（留住雨水）。

12·089 村花路柳，游子衣上之尘。山雾江云，行李担头之色。

12·090 何处得真情，买笑不如买愁。谁人效死力，使功（有功之人）不如使过（有错之人）。

12·091 芒鞋（草鞋）甫（刚刚）挂，忽想翠微（泛指青翠的山）之色，两足复绕山云。兰棹（划船用的兰木桨，代指小船。棹：zhào）方停，忽闻新涨之波，一叶（一叶小舟）仍飘烟水。

12·092 旨（指美好的韵致）愈浓而情愈淡者，霜林之红树。臭（指气味）愈近而神（神韵）愈远者，秋水之白萍。

12·093 龙女濯（洗涤）冰绡（白绡，因其洁白如冰，故有此称），一带水痕寒不耐。姮娥（即嫦娥）携宝药，半囊月魄（月光）影犹香。

12·094 山馆（山中的宅舍）秋深，野鹤唳残清夜月。江园春暮，杜鹃啼断落花风。

12·095 石洞寻真（到山洞中寻访仙人的踪迹。真：真人，仙人），绿玉嵌乌藤之杖（传说中仙人的手杖）。苔矶（突出到江河中长满青苔的石头）垂钓，红翎间（指间隔装饰着红翎毛）白鹭之蓑（指以白鹭蓑羽为饰的帽子）。

12·096 晚村人语，远归白社（地名，在今河南洛阳市东）之烟。晓（拂晓）市花声（卖花的叫卖声），惊破红楼（指富贵人家女子的住房）之梦。

12·097 案头（几案上或书桌上）峰石（山峰状的观赏石），四壁冷浸烟云，何与（怎比得上）胸中丘壑。枕边溪声，半榻寒生瀑布，争如舌底鸣泉（比喻人善言辞，讲话如泉水流淌般流畅动听）。

12·098 扁舟空载，赢（有余利，获利）却关津（关卡渡口）不税愁。孤杖深穿（穿越山林），揽得烟云闲入梦。

12·099 幽堂昼密（白昼显得特别深长），清风忽来好伴，虚窗夜朗，明月不减（减退）故人（老朋友间的情谊）。

12·100 晓入梁王之苑，雪满群山。夜登庾亮之楼，月明千里。

12·101 名妓翻经，老僧酿酒，书生借箸谈兵（兵事），介胄（甲胄之

士，指武士）登高作赋，羡他雅致偏增。屠门（屠户）食素，狙侩（指狡猾奸诈之人）论文，厮养（奴仆）盛服，领缘方外（有目的的结交僧人、道士、隐士等方外之士），束修怀刺（准备礼物、投递名帖拜谒权贵），令我（我辈）风流（风韵气度）顿减。

12·102 高卧酒楼，红日不催诗梦醒。漫书（随意写作）花榭，白云恒（常常）带墨痕香。

12·103 相（察看，判断）美人如相花，贵清艳而有若远若近之思（感觉）。看高人如看竹，贵潇洒而有不密不疏之致。

12·104 梅称清绝，多却（多出）罗浮一段妖魂。竹本萧疏，不耐湘妃数点愁泪。

12·105 穷秀才生活，整日荒年。老山人出游，一派（到处全是）熟路。

12·106 眉端扬（眉梢飞扬，指内心快乐）未得，庶几（大概）在山月吐时。眼界放开来，只好向水云深处。

12·107 刘伯伦（刘伶，竹林七贤之一）携壶荷锸，死便埋我，真酒人哉。王武仲（东晋、南朝宋时隐士）闭关护花，不许踏破，直（真是）花奴耳。

12·108 一声秋雨，一行秋雁，消不得（消除不掉）一室清灯。一月春花，一池春草，绕乱却一生春梦。

12·109 夭桃（艳丽的桃花）红杏，一时分付（托付给）东风。翠竹黄花，从此永为闲伴。

12·110 花影零乱，香魂夜发，冁（chǎn，笑的样子）然而喜。烛既（已经）尽，不能寐也。

12·111 花阴流影，散为半院舞衣（指舞蹈者的身影）。水响飞音，听来一溪歌板（代指歌声）。

12·112 一片秋色，能疗客病（羁旅他乡的思乡之病）。半声春鸟，偏唤愁人。

12·113 会心（心领神会）之语，当以不解解之（不用解释就能理解它）。无稽（没有根据）之言，是在不听听耳（充耳不听或姑妄听之）。

12·114 云落寒潭，涤尘容于水镜。月流深谷，拭淡黛（眉黛）于山妆（妆容）。

12·115 寻芳者追深径之兰，识韵者穷（指尽力寻访）深山之竹。

12·116 花间雨过，蜂粘几片蔷薇。柳下童归，香散数茎（几支）薝卜（zhān bǔ，梵语音译，即郁金香花）。

12·117 幽人到处烟霞冷，仙子来时云雨香。

12·118 落红（落花）点（点缀）苔，可当锦褥。草香花媚，可当娇姬（美女）。莫逆（指非常要好的朋友）则山鹿溪鸥，鼓吹则水声鸟啭（鸟鸣）。毛褐（兽毛或粗麻制成的短衣）为纨绮（指华丽的盛装），山云作主宾。和根（带根的）野菜，不让（不逊于）侯鲭（即五侯鲭，泛指精美的佳肴。鲭：qīng，鱼和肉合烹而成的食物）。带叶柴门，奚（哪里）输甲第（旧时豪门贵族的宅第）。

12·119 野筑郊居，绰有规制。茅亭草舍，棘垣（荆棘制成的院墙）竹篱，构列无方（随意排列没有定法），淡宕（散淡）如画，花间红白，树无行款（指规则地排列）。徜徉（自由自在地行走）洒落（即"洒乐"，洒脱飘逸，不拘束），何异仙居？

12·120 墨池（指砚台上盛墨处）寒欲结，冰分笔上之花。炉篆（指香炉中的烟缕）气初浮，不散帘前之雾。

12·121 青山在门，白云当户，明月到窗，凉风拂座。胜地皆仙，五城十二楼（古代传说中神仙的居所，比喻仙境），转（反而）觉多设。

12·122 何为声色俱清？曰：松风水月（比喻人品高洁），未足比其清华（清秀华美）。何为神情俱彻（通透）？曰：仙露明珠（比喻人风神俊朗），讵（jù，岂，怎）能方（违背）其朗润（明朗润泽）。

12·123"逸"（闲适、安乐）字是山林（指隐居）关目（指关键处），用于情趣，则清远多致；用于事务（做正事），则散漫无功。

12·124 宇宙虽宽，世途眇于鸟道。征逐（争名逐利）日甚（一天比一天厉害），人情浮（虚假、空浮）比鱼蛮（亦作"鱼蛮子"。渔夫，渔民）。

12·125 柳下舣（yǐ，停船于岸边）舟，花间走马（骑马），观者之趣，倍过个中（指处于其中之人）。

12·126 问人情何似？曰："野水多于地，春山半是云。"（喻人情难以看清，难以捉摸）问世事何似？曰："马上悬壶浆，刀头分顿肉。"（喻世间之事如同征伐）

12·127 尘情一破，便同鸡犬为仙。世法（世间法则）相拘，何异鹤鹅作阵（比喻被拘束而行事无功效）。

12·128 清恐人知，奇（个性独特）足自赏。

12·129 与客倒金樽，醉来一榻，岂独客去为佳。有人知玉律（懂得音乐），回车三调（调转车头再奏几曲），何必相识乃再（再次演奏）。笑元亮之逐客何迂，羡子猷之高情可赏。

12·130 高士岂尽无染（沾染尘俗），莲为君子，亦自出于污泥。丈夫但（只）论操持（操守），竹作正（正直有节）人，何妨犯以霜雪。

12·131 东郭先生之履（形容人穷困潦倒），一贫从（跟从）万古之清（清寒）。山阴道士之经，片字收千金之重。

12·132 管辂（三国时期魏国人，著名的术士）请饮后言，名为酒胆。休文（南朝宋著名文人沈约）以吟致瘦，要（大概）是诗魔。

12·133 因花索句（就着花儿构思诗句），胜他牍奏三千。为鹤谋粮，赢我田耕二顷（指隐逸山林胜过奋斗而求富贵）。

12·134 至（最，到极点）奇无惊，至美无艳。

12·135 瓶中插花，盆中养石，虽是寻常供具（指室内陈设），实关幽人性情。若非得趣，个中（其中的）布置，何能生致（情致）！

12·136 舌头无骨，得言句之总持（总管）。眼里有筋（筋脉），具游戏之三昧。

12·137 湖海上浮家泛宅（以船为家，随遇而安），烟霞五色足资（提供、供给）粮。乾坤内狂客逸人，花鸟四时供啸咏（啸歌吟咏）。

12·138 养花，瓶亦须精良，譬如玉环、飞燕，不可置之茅茨（茅屋）。嵇阮贺李（魏晋名士嵇康、阮籍和唐朝诗人贺知章、李白），不可请之店中。

12·139（柔嫩的枝条）才有力以胜蝶（承受蝴蝶的重量），本无心而引莺（招引黄莺）。半叶舒而岩暗（山岩暗淡），一花散而峰明（峰峦明亮）。

12·140 玉槛（华美的栏杆）连彩（彩绘连绵），粉壁（白色的墙壁）迷明（迷离明亮）。动鲍照（南朝诗人）之诗兴，销（消解）王粲（三国时魏国文人，“建安七子”之一）之忧情。

12·141 急不急之辨（为无关紧要的事而紧张论辩。辨：通“辩”，论辩），不如养默（在沉默中涵养心性）。处不切之事，不如养静（休养静气）。助不直（正当）之举，不如养正（休养正气）。恣（放纵）不禁（控制）之费（花费），不如养福。好（喜好）不情之察（考察），不如养度（休养度量）。走（追求）不实之名（名声），不如养晦（谓隐居匿迹）。近不祥之人，不如养愚（保持愚拙）。

12·142 诚实以启（开启）人之信我，乐易（乐观平易）以使人之亲我，虚己以听人之教我，恭己以取人之敬我，奋发以破人之量（估量，揣度）我，洞彻（洞悉事理）以备人之疑我，尽心以报人之托我，坚持以杜人之鄙我。